生命
百科

变态发育的昆虫

生命百科编委会　编著

中国大百科全书出版社

图书在版编目（CIP）数据

变态发育的昆虫 / 生命百科编委会编著. -- 北京 ：
中国大百科全书出版社，2025. 1. --（生命百科）.
ISBN 978-7-5202-1696-8

Ⅰ. Q96-49

中国国家版本馆 CIP 数据核字第 2025JY1023 号

总 策 划：刘　杭　郭继艳
策划编辑：张会芳
责任编辑：王　阳
责任校对：邵桄炜
责任印制：王亚青
出版发行：中国大百科全书出版社有限公司
地　　址：北京市西城区阜成门北大街 17 号
邮政编码：100037
电　　话：010-88390811
网　　址：http://www.ecph.com.cn
印　　刷：唐山富达印务有限公司
开　　本：710mm×1000mm　1/16
印　　张：10
字　　数：100 千字
版　　次：2025 年 1 月第 1 版
印　　次：2025 年 1 月第 1 次印刷
书　　号：ISBN 978-7-5202-1696-8
定　　价：48.00 元

本书如有印装质量问题，可与出版社联系调换。

—— 总　序

　　这是一套面向大众、根植于《中国大百科全书》第三版（以下简称百科三版）的百科通俗读物。

　　百科全书是概要记述人类一切门类知识或某一门类知识的完备的工具书。它的主要作用是供人们随时查检需要的知识和事实资料，还具有扩大读者知识视野和帮助人们系统求知的教育作用，常被誉为"没有围墙的大学"。简而言之，它是回答问题的书，是扩展知识的书。

　　中国大百科全书出版社从 1978 年起，陆续编纂出版了《中国大百科全书》第一版、第二版和第三版。这是我国科学文化建设的一项重要基础性、标志性、创新性工程，是在百年未有之大变局和中华民族伟大复兴全局的大背景下，提升我国文化软实力、提高中华文化国际影响力的一项重要举措，具有重大的现实意义和深远的历史意义。

　　百科三版的编纂工作经国务院立项，得到国家各有关部门、全国科学文化研究机构、学术团体、高等院校的大力支持，专家、学者 5 万余人参与编纂，代表了各学科最高的专业水平。专家、作者和编辑人员殚精竭虑，按照习近平总书记的要求，努力将百科三版建设成有中国特色、有国际影响力的权威知识宝库。截至 2023 年底，百科三版通过网站（www.zgbk.com）发布了 50 余万个网络版条目，并陆续出版了一批纸质版学科卷百科全书，将中国的百科全书事业推向了一个新的高度。

　　重文修武，耕读传家，是我们中国人悠久的文化传承。作为出版人，我们以传播科学文化知识为己任，希望通过出版更多优秀的出版物来落实总书记的要求——推动文化繁荣、建设中华民族现代文明，努力建设中国式现代化强国。

为了更好地向大众普及科学文化知识，我们从《中国大百科全书》第三版中选取一些条目，通过"人居环境""科学通识""地球知识""工艺美术""动物百科""植物百科""渔猎文明""交通百科"等主题结集成册，精心策划了这套大众版图书。其中每一个主题包含不同数量的分册，不仅保持条目的科学性、知识性、准确性、严谨性，而且具备趣味性、可读性，语言风格和内容深度上更适合非专业读者，希望读者在领略丰富多彩的各领域知识之时，也能了解到书中展示的科学的知识体系。

衷心希望广大读者喜爱这套丛书，并敬请对书中不足之处给予批评指正！

《中国大百科全书》编辑部

—— "生命百科"丛书序

　　生命的诞生源自生物分子的出现，历经生物大分子、细胞、组织、器官、系统至个体、种群、人类的过程。在宏观进化链中，生物进化范畴的最顶端是人类的出现。

　　从个体大小上讲，生命体有高大的木本植物，有低矮的草本植物，还有能引起人类或动植物疾病的真菌、细菌、病毒等微生物。从生活空间上讲，生命体有广布全球的鸟，有在水中自由自在的鱼等。从感官上讲，生命体有香气宜人的植物，也有赏心悦目的花。从发育学上讲，有变态发育的动物（胚胎发育过程中形态结构和生活习性有显著变化的动物，也称间接发育动物），如昆虫；也有直接发育的动物（胚后发育过程中幼体不经过明显的变化就逐渐长成成体的动物），如包括人类在内的哺乳动物、鸟类、鱼类和爬行类等。有的生命体还是治疗其他动植物疾病的药，如以药用动植物为主要原料的药物等。为维持生命体健康地生长与发育，认识疾病、诊断疾病、治疗疾病很有必要。

　　为便于读者全面地了解各类生物，编委会依托《中国大百科全书》第三版生物学、作物学、园艺学、林业、植物保护学、草业科学、渔业、畜牧、现代医学、中医药等学科内容，组织策划了"生命百科"丛书，编为《常见木本植物》《常见草本植物》《香气宜人的植物》《赏心悦目的花》《广布全球的鸟》《自由自在的鱼》《变态发育的昆虫》《认识人体》《常见的疾病》《常见的疾病诊断方法》《治疗百病的药——

现代药》《治疗百病的药——中药方剂》等分册，图文并茂地介绍了各类生命体及与人类健康相关知识。

　　希望这套丛书能够让更多读者了解和认识各类生命体，起到传播生命科学知识的作用。

生命百科丛书编委会

目 录

第1章 不完全变态 1

蝉 1

红蝉 1

螟蛄 3

枯蝉 4

蒙古寒蝉 6

十七年蝉 8

蚱蝉 9

蜡 11

稻黑蜡 11

柑橘大绿蜡 13

横纹菜蜡 15

荔枝蜡 17

麦蜡 19

弯刺黑蜡 21

飞虱 23

白背飞虱 23

褐飞虱 26

灰飞虱 30

长绿飞虱 32

蝗 35

白纹雏蝗 35

大垫尖翅蝗 38

短星翅蝗 41

红胫戟纹蝗 43

毛足棒角蝗 46

西伯利亚蝗 48

狭翅雏蝗 50

亚洲小车蝗 53

意大利蝗 56

蝼蛄 59

东方蝼蛄 59

华北蝼蛄 60

蚜 62

大豆蚜 62

甘蓝蚜 64

甘蔗粉角蚜 66

高粱蚜 67

禾谷缢管蚜 68

核桃黑斑蚜 71

角倍蚜 73

居竹伪角蚜 74

萝卜蚜 75

桃蚜 77

甜菜蚜 78

豌豆蚜 79

蚊母新胸蚜 81

第2章 完全变态 83

蝶 83

阿波罗绢蝶 83

斑缘豆粉蝶 85

菜粉蝶 87

柑橘凤蝶 91

茴香凤蝶 93

金斑喙凤蝶 96

曲纹稻弄蝶 100

三尾褐凤蝶 101

双尾褐凤蝶 104

香蕉弄蝶 105

隐纹谷弄蝶 107

直纹稻弄蝶 108

中华虎凤蝶 112

瓢虫 115

多异瓢虫 115

黄斑盘瓢虫 117

六斑月瓢虫 118

孟氏隐唇瓢虫 119

七星瓢虫 121

茄二十八星瓢虫 124

日本刀角瓢虫 127

狭臀瓢虫 128

异色瓢虫 129

蚊 132

埃及伊蚊 132

白纹伊蚊 133

淡色库蚊 135

雷氏按蚊 136

三带喙库蚊 138

致倦库蚊 139

蝇 141

稻水蝇 141

厩腐蝇 143

麦秆蝇 144

麦种蝇 146

舌蝇 148

第 1 章

不完全变态

蝉

红 蝉

红蝉是昆虫纲半翅目蝉科红蝉属的一种，俗称红娘子、灰花蛾、樗鸡、红娘虫、么姑虫、红女、红姑娘等。

◆ **地理分布**

红蝉在中国分布于陕西、四川、浙江、江苏、江西、湖南、云南、贵州、广西、广东、福建、海南、台湾及香港，在国外分布于印度、菲律宾、缅甸、马来西亚、泰国等国。

◆ **形态特征**

红蝉成虫体中等，头、胸部主要为黑色，腹部为红色。头、胸部密被黑色长毛，腹部被赭黄色或淡红色短毛。头冠稍宽于中胸背板基部，复眼黑色，单眼血红色；后唇基红色或橘红色，明显突出，中央具纵沟，两侧具横脊，但均不明显；后唇基两侧和近基部密被黑色长毛。喙基部暗褐色，端部黑色，伸达后足基节处。前胸背板漆黑色，无斑纹，密被黑色长毛，前胸背板外片不明显，侧后角稍扩张。中胸背板红色，中央具 1 条非常宽的黑色纵带；"X"形隆起及后胸背板后缘黑色。前翅暗褐色，不透明，结线不明显，翅脉黑色，具 8 个端室。后翅淡褐色，半透明，翅脉暗褐色，具 6 个端室。胸部腹面及足暗褐色至黑色，无斑纹，密被黑色长毛和短毛。前足股节具有 3 根黑色强刺，从主刺到端刺逐渐变小，主刺和端刺前倾，副刺近乎直立。雄性腹瓣暗褐色，被有稀疏暗褐色短毛；腹瓣侧缘平截，内后缘近乎肾形；基节刺小，三角片状。雄性腹部长于头、胸部之和，近圆柱形；腹部第 1 节背板及第 2 节背板前缘黑色或暗褐色，其余红色或橘红色。腹部腹板同样为红色或橘红色，被有稀疏淡红色短毛；第 7 节腹板较长，明显长于第 8 节腹板。雄性尾节主要为红色，尾节端突短而钝，近端部边缘黑色，密被金色长毛；尾节上叶大，片状，近端部略呈暗褐色，圆弧状突出；尾节基叶小；抱钩长，黑红色，三角刺状，基部靠近而端部剪刀状近直角状分叉，抱钩中叶较发达，端部钝弧形。雌性头冠稍宽于或等于中胸背板基部，体长大于雄性；喙黑色，超过中足转节处。雌性前翅比雄性前翅细长，翅脉较细；腹部红色，被有浓密淡红色短毛；腹部圆锥形，第 7 腹板中央深凹，深达第 7 腹板长度 2/3；尾节端刺短而尖细，与肛刺等长；产卵鞘暗褐色，约等于或稍长于尾节端刺。其他形态特征和雄性相似。

红蝉雌虫

◆ 生活史与习性

红蝉 1 年 1 代。若虫越冬后，于翌年 6 ～ 7 月羽化。8 月下旬，卵孵化，若虫从产卵槽中纷纷钻出，随风落地后，钻入树根附近土中生活。

红蝉多生于丘陵地带，成虫栖息于低矮树丛中，不能高飞。若虫多于未开垦的沙质土壤中生活。雌成虫在当年春梢、夏梢上割槽产卵；1个产卵槽卵粒数为 65～120 粒；卵枯白色，在槽内成 2 行排列。

蟪 蛄

蟪蛄是昆虫纲半翅目蝉科蟪蛄属的一种，俗称小熟了。

◆ 地理分布

蟪蛄在中国广泛分布于辽宁、广西、广东、云南、海南、四川及舟山群岛，在国外分布于俄罗斯、日本、朝鲜、马来亚西等国。

◆ 形态特征

蟪蛄成虫体中形，粗短，密被银白色短毛。头冠明显窄于前胸背板，约与中胸背板基部等宽或稍宽。腹部稍短于头、胸部之和。头部及前、中胸背板橄榄绿色（多数干标本变为褐色），后唇基基部的细横纹，复眼间横带，单眼区、顶侧区短纵纹及复眼内缘均为黑色。后唇基中央有很宽的黑色纵沟，前唇基除中部有 1 个橄榄色斑外，其余均为黑色。喙较长，明显超过后足基节，有的长达第 3 腹节。前胸背板中纵带，其两侧斑纹、斜沟、内区侧缘、侧区前角及后缘区斑纹均为黑色。中胸背板前缘中央具 4 个倒圆锥形黑斑，内侧 1 对短小，外侧 1 对较大，"X"形隆起前区的矛状斑常与两侧的 1 对圆斑合并。前翅基半部不透明，污褐色或灰褐色，基室暗褐色，前缘膜处有 2 个暗色斑；具 3 条横带，基部 1 条经径室中部达后肘室端，中间 1 条不规则横带从径室端部起，在后肘室端部与基横带相连，且中间有暗色斑，外侧 1 条经过 1 ～ 5 端室基部和 1 ～ 3 中室基部；径室端部和第 8 端室各有 1 个半透明斑，端室纵脉端部及外缘也有不规则暗褐色斑点。后翅外缘透明，其余深褐色。腹部背板黑色，各节背板后缘橄榄绿色。头、胸部腹面黑色，被白色蜡粉，除腹部腹板及腹瓣后缘为橄榄绿色外，其余均为黑色，稀被白色蜡粉和灰白色长绒毛；腹瓣横位，弯月形，内角稍重叠，后缘圆弧形，不超过第 2 腹节。雄性尾节小，顶端尖，无明显侧突，抱钩左右合并，腹面合并，包住管状阳茎。阳茎基部有 1 对锥形突起，端部平截。

◆ **生活史与习性**

雌蝉产卵后，卵一般在树枝内越冬，次年 4 月份天气转暖时

螗蛄雄虫

才孵化，随后钻入泥土里，寻找合适的树根，吸吮汁液。若虫一般要在地下经过 5 次蜕皮，最后破土而出，多在雨后、地面柔软潮湿的晚上羽化。羽化时间少则几十分钟，多则 1 个多小时，甚至更长。

螗蛄成虫出现于 5 ～ 8 月，生活在平原至低海拔山区树木枝干上，夜晚有趋光性。成虫飞行能力较弱，除寻找食物、配偶，或者受到惊吓后从一棵树飞到另外一棵树之外，很少长距离、长时间飞行。

枯　蝉

枯蝉是昆虫纲半翅目蝉科枯蝉属的一种。

◆ **地理分布**

枯蝉为中国特有种。分布于陕西韩城、铜川、延安、武功、凤翔、太白，甘肃平凉，宁夏贺兰山，山西吕梁等地。主要分布于海拔1400～1600米低山地区，生境植物主要为低矮灌木和草本植物。

◆ **形态特征**

枯蝉成虫体黑色，被浅黄色细毛。头冠明显窄于中胸背板基部。雄虫腹部长于头、胸部之和，雌虫腹部约等于头、胸部之和。头部较小，三角形。后唇基褐色，明显突出，中央具深纵沟，两侧有暗褐色横纹，脊起上有成排细毛。触角基部及触角窝褐色，其余部分黑色。单眼浅红色，复眼灰褐色，两后单眼间距约等于其到相邻复眼间距。喙粗短，第2节褐色，末端暗褐色，仅达中足基节前缘。前胸背板梯形，前端明显变窄，后角叶状扩张，中央纵纹和斜沟红褐色，外片侧缘和后缘赭黄色。中胸背板黑色，前缘中部2条内弯的刻纹和"X"形隆起及其前臀顶端的一点均赭黄色，前端两侧的发音盘圆形，棕褐色。前、后翅半透明，翅面上有规则排列的波形横皱纹，翅脉赭黄色，沿翅脉有褐色斑纹，前缘、脉结和轭区红赭色，后翅臀区发达。前足腿节发达，具粗刺，足及体腹面呈褐色至深褐色，密被细毛。腹部腹板赭黄色，背面第1节黑色，第2到第7节前缘及中部斑纹黑色，后缘赭黄色。无背瓣，鼓膜外露；腹瓣很小，长靴形，左右远离，侧缘较直，基半部黑色，端部赭色；基节刺大，叶状，长达腹瓣后缘。雄虫尾节背面较短，下生殖板长，舟形，显著伸出腹末，长约为第5到第7腹节腹板之和。尾节无端刺、侧刺。抱钩发达，长槽状，

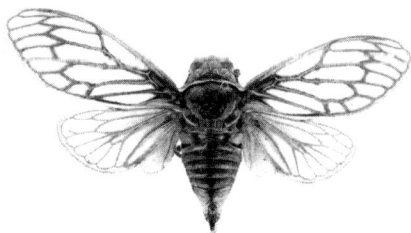

枯蝉雄虫

凹面朝下。阳茎细长，末端叶状分叉。

◆ **生活史与习性**

枯蝉雌性个体交配后，将卵产于枝条的木质部，并在枝条上留下明显的刻槽，每一枝条上留下的刻槽数为 2 ～ 10 个，每枝的平均刻槽数为 5.7 个。产卵后在枝条上留下的刻槽呈直线式排列，不同于黑蚱蝉互生的双线排列。若虫多分布于距离地表 60 厘米深的土壤中，集中分布于 30 ～ 50 厘米土层中。末龄若虫于每年 5 月下旬至 6 月中、下旬羽化，羽化高峰期集中于 6 月上旬。末龄若虫于每天傍晚入夜时从土中爬出，爬到周围的灌木、石头、杂草等处蜕皮。蝉蜕黄褐色，长约 2.7 厘米。

枯蝉的寄主植物主要为酸枣、斑子麻黄等。

蒙古寒蝉

蒙古寒蝉为昆虫纲半翅目蝉科寒蝉属的一种。

◆ **地理分布**

蒙古寒蝉在中国广泛分布于北京、辽宁、河北、内蒙古、陕西、河南、湖南、江苏、浙江、安徽、福建、江西、广东及广西，在国外分布于韩国、蒙古、越南等国。常见于平原、丘陵、低山地带。

◆ **形态特征**

蒙古寒蝉成虫，体中形，较粗。头部绿色，稍宽于中胸背板。单眼和复眼均红褐色，头顶前侧缘有 1 对黑色宽斜斑，与后缘两黑色斑纹愈合在一起。单眼区斑纹、复眼内缘以及侧单眼斜后方的 1 对小斑均为黑色。舌侧片绿色至黑色，被白色短毛。后唇基中央具绿色圆斑，基部宽横斑、端部短纵纹以及两侧横沟均为黑色。喙绿色，端部黑色，伸达后足基节。前胸背板内片绿色，后缘黑色，中央 1 对纵带（基部膨大，2/3 处靠近、端部愈合）、中沟、侧沟以及中沟下方的纵纹均为黑色。外片绿色，侧后缘有 2 对黑色斑纹，前侧缘有齿状突起。中胸背板具 5 条黑色斑纹：中央 1 条斑细长，矛状，后端膨大；盾侧缝处 1 对斑的内缘波浪状，外缘较直，端部与中央斑纹愈合在一起；外侧 1 对斑粗大，伸达 "X" 形隆起前臂外侧，基部 1/3 处有间断。"X" 形隆起黄绿色，前盾片凹槽处具 1 对黑色斑点。足绿色，稀被白色长毛和白色蜡粉，胫节赭绿色，端部稍带暗褐色。前足股节周缘暗褐色，主刺和副刺均直立，等长，基部稍宽，端部稍窄，端刺很小。翅透明，前翅第 2、3 端室基横脉处有暗褐色斑点，基半部翅脉红褐色，端半部翅脉暗褐色。雄性腹部长于头、胸部之和，密被白色蜡粉。背板黄绿色，有不规则的褐色或暗褐色斑纹，随着体节的增加，斑纹颜色加深，每节的后缘绿色。腹板褐色，蜡粉较厚。背瓣绿色，长圆形，完全盖住鼓膜。雄性腹瓣绿色，宽大，内缘基半部较宽，端半部叉状向两侧分开，外缘较直，达第 5 节腹板后缘。雄性尾节暗褐色，被白色蜡粉；钩叶长弯钩状，彼此靠近，内侧平行、外侧近端部膨大，向外弯曲。

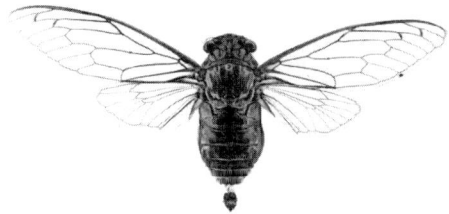

蒙古寒蝉雄虫

◆ 生活史与习性

蒙古寒蝉若虫 5 龄，多分布于寄主植物下距离地表 0 ～ 60 厘米的土壤中，每年 6 ～ 7 月羽化。雌成虫在寄主植物枯死枝条上割槽产卵，孵化后落到地面并钻入土中生活。

蒙古寒蝉的寄主植物主要有油松、杨树、杜梨等。

十七年蝉

十七年蝉是昆虫纲半翅目蝉科周期蝉属的一种，又称周期蝉。

◆ 地理分布

十七年蝉为北美洲特有种，分布于美国中大西洋地区（弗吉尼亚州大部分地区、纽约、西俄亥俄州、印第安纳州、田纳西州及佐治亚州等）。

◆ 形态特征

十七年蝉成虫体中形、漆黑色，无斑纹。头冠稍宽于中胸背板基部。腹部短于头、胸部之和。头顶近三角形，复眼红褐色，单眼浅灰白色。后唇基不发达，两侧横脊黑色。喙暗褐色，伸达中足转节。前胸背板无斑纹，具细刻纹。中胸背板两侧缘具金黄色细条带。前、后翅透明，翅脉黄色。前翅具 8 个端室，后翅具 6 个端室。前翅基室具黑色斑纹，第 2、3 端室基横脉处有烟褐色斑。腹部无斑纹。雌性产卵鞘粗壮，末端被短毛，略超出腹末，第 7 腹板后缘中央有较大的"V"形缺刻。

十七年蝉雌虫

◆ 生物学习性

十七年蝉在地下蛰伏 17 年才集体出土羽化（另有近缘种地下蛰伏 13 年才集体出土羽化，被称作十三年蝉），其余年份不能见到。在出土羽化年份，其若虫于 4 月份开始向地面方向打洞，在土壤温度未达到 18℃ 以前，它们不会从洞中出来。温度适宜时，它们就会爬出到地面，然后爬上距离最近的乔木、灌木、电线杆，甚至蒲公英的茎等，开始蜕皮、羽化。几个小时后，它们的躯体和翅就会变硬，然后求偶、交配。雄蝉交配后即死去，雌蝉亦于产卵后死去。十七年蝉这种奇特生活方式，为的是避免天敌的侵害并安全延续种群，因而演化出一个漫长而隐秘的生命周期。

蚱　蝉

蚱蝉是昆虫纲半翅目蝉科蚱蝉属的一种，又称鸣蜩、马蜩、蟭、秋蝉、蜘蟟、蚱蟟及黑蚱蝉等。

◆ 地理分布

蚱蝉在中国广泛分布于大江南北，从河北到云南、广西、广东以至海南，从四川西部到浙江、福建及台湾等地；在国外分布于朝鲜、越南、老挝北部。

◆ 形态特征

蚱蝉成虫体大形，漆黑色，密被金黄色短毛。头冠稍宽于中胸背板基部，前翅长于身体，腹部约与头、胸部之和等长。头部宽短，复眼深褐色、大而突出，单眼浅红色。后唇基发达，中央有短的纵沟，两侧有暗褐色横脊；后唇基中沟顶端、复眼与触角间的斑纹赭黄色。喙暗褐色，粗短，伸至中足基节间。前胸背板黑色，无斑纹，中央有"i"形隆起，其上有细刻纹，侧缘波状。中胸背板前缘中部有"W"形刻纹，外侧的刻纹特别明显，"X"形隆起两侧具金黄色长毛。前、后翅透明，基室黑色，但基部 1/4 ～ 1/3 暗褐色，离身体越近颜色越深，不透明，且被有短的黄色绒毛。翅基部的暗褐色斑纹变化很大，前翅更明显，不同地区种群的斑纹大小和颜色深浅均有变化，前翅基半部翅脉红褐色，端半部及后翅翅脉暗褐色。前足腿节发达，具粗刺，中足胫节上的斑纹及后足胫节和跗节中部红褐色，其余部分褐色至深褐色。腹部背板黑色、侧腹缘赭黄色。背瓣大、稍隆起，被黑色绒毛。腹瓣铲形，暗褐色，外侧及顶端赭黄色，伸达第 2 腹节后缘或稍超出，左右腹瓣接触或稍重叠。雄性尾节较大，背面黑色，两侧赭黄色，具端刺；抱钩合并成粗棒状，端部较细、钝圆、下弯；阳具鞘舌状、弓形，端囊呈钩状；下生殖板长，中央有纵脊。

蚱蝉雄虫

◆ 生活史与习性

蚱蝉初羽化成虫体柔弱、翅皱缩，稍后体渐硬、色渐深、翅展平，成虫经数天后交尾产卵。卵于翌年 6 月孵化，若虫落入土中生活，以植物根系为食，数年后完成若虫期发育。老熟若虫于夏日傍晚爬出地面，爬到树干、枝条、叶片等处羽化为成虫。

蚱蝉的寄主植物包括樱花、元宝枫、槐树、榆树、桑树、白蜡、桃、柑橘、梨、苹果、樱桃、杨柳及洋槐等。

◆ 防治措施

可采用如下措施防治蚱蝉：①人工防治。秋、冬季结合果园翻土断根，杀死部分若虫。收果后，结合果树修剪，剪除枯死枝，减少虫源。

若虫出土羽化前，可用塑料薄膜包裹树干，阻止若虫上树羽化，也可在傍晚和清晨进行捕杀。成虫羽化盛期，可利用成虫趋光性夜间举火把或用黑关灯诱杀。日中成虫喜树上群集鸣叫，可用长杆网兜捕杀。②药剂防治。对虫口密度较大的果园，在成虫盛发期，早上喷洒20%灭扫利乳油1500倍液、2.5%敌杀死乳油、2.5%功夫乳油2000～2500倍液或40%辛硫磷乳油800倍液，可获良好防治效果。③生物防治。利用果园中的鸟类、蜘蛛、蚂蚁等天敌进行防治。

蝽

稻黑蝽

稻黑蝽是昆虫纲半翅目蝽科刺黑蝽属一种，为作物害虫。

◆ **地理分布**

稻黑蝽主要分布于中国、日本、马来西亚、菲律宾、印度和斯里兰卡；在中国主要分布于秦岭、淮河以南各省区，长江以南地区虫口密度较大。

◆ **形态特征**

稻黑蝽成虫椭圆形，体长6.0～9.5毫米，宽4.0～4.5毫米，全体黑色，表面粗硬，密布小黑点。触角5节，前胸背板两侧角向两侧横向突出，呈短刺状。小盾板舌形，长达腹部末端，但宽度不

稻黑蝽成虫

能完全盖住腹侧。

◆ 生活史与习性

稻黑蝽在江苏、浙江、贵州、四川等地1年发生1代，在湖南、江西、广东等地1年发生1～2代。稻黑蝽通常以成虫在稻田周边杂草根际、残枝落叶及稻桩泥土缝隙内蛰伏越冬，广州地区还有少量若虫越冬。1代区、2代区越冬成虫分别在5～7月、4～5月迁入稻田为害。

稻黑蝽成虫有趋光性，但白天怕光，常隐蔽于稻株下部为害。傍晚和阴天爬至稻株上部活动取食。越冬成虫通常在迁入稻田后10天左右才开始交配。雌虫一生可交配4～5次，交配后7天开始产卵，多产于稻株下部近水面的叶鞘上，少数产于稻叶上。若虫孵出后，先围集于卵壳四周，2龄后分散活动。成虫、若虫在田间呈聚集分布，田间调查以平行线取样方式最好。

可为害水稻、小麦、玉米、甘蔗、豆类、粟、茭白及多种禾本科杂草。成虫、若虫以口器刺吸水稻汁液，在水稻孕穗后发生较多，易造成半白穗、白穗、瘪粒或褐斑米，影响大米品质和产量。

◆ 防治措施

夏季降水量偏少的年份对稻黑蝽的发生有利。早播、早插，生长茂密以及沿堤塘和山脚下的稻田发生重，周边杂草丛生的田块受害也较重。寄生性天敌有稻蝽小黑卵蜂、稻蝽沟卵蜂，其中前者对稻黑蝽卵的寄生率可达30%以上。此外，白僵菌、绿僵菌也是常见寄生性天敌。捕食性天敌对稻黑蝽的控制作用弱，狼蛛、微蛛、隐翅虫等常见天敌对稻黑蝽各虫态均无捕食行为。

一般情况下，稻黑蝽在防治稻田其他害虫时可得到兼治。水稻抽穗扬花期百丛虫量达 100 ～ 200 头时，可选用吡虫啉、敌敌畏等进行喷雾防治。

柑橘大绿蝽

柑橘大绿蝽是昆虫纲半翅目蝽科棱蝽属一种，为果树害虫，又称角肩蝽、长吻蝽、棱蝽、橘棘蝽。

◆ 地理分布

柑橘大绿蝽分布在江苏、浙江、湖北、江西、湖南、福建、广东、广西、贵州、四川、台湾等省（自治区），在东亚、南亚、东南亚和澳大利亚等地区和国家亦有分布。

◆ 形态特征

柑橘大绿蝽成虫体长 16 ～ 24 毫米，似长盾形。头凸出，口器针状，几乎长达腹部末端。前胸背板前缘两侧呈角状突出，上有许多黑色刻点。体多绿色，足和触角黑色。卵近球形，灰绿色，长约 1.8 毫米，宽约 1.5 毫米，密布刻点，常以 13 ～ 14 粒排成 2 ～ 3 行的方式产于

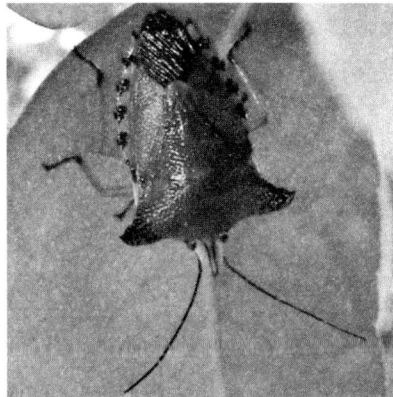

柑橘大绿蝽成虫

叶上。若虫体色随虫龄增长从淡黄色变至红褐色，但其腹背斑点和头部、触角、足都为黑色。

◆ **生活史与习性**

柑橘大绿蝽在华南地区及浙江每年发生 1 代，在台湾每年发生 2 ～ 3 代。以成虫在隐蔽温暖的处所越冬。成虫常选择树冠高大、枝叶繁茂的果树栖息于其果实上或叶间，卵多产于叶面，少数在果面上。初龄若虫群集于叶片、枝梢或果实上，并不取食。2、3 龄若虫多群集中于果实上吸汁为害，易致落果。4、5 龄若虫和成虫活动力强，常分散为害。

柑橘大绿蝽除为害柑橘外，还可为害苹果、梨、栗、龙眼、荔枝、水稻、粟、高粱、玉米、甘蔗、茶等。成虫、若虫以针状口器刺入果实、嫩梢和叶片中吸食汁液，导致叶片枯黄，嫩梢枯死，幼果果皮紧缩硬化，果实变小、黄化以致脱落。

◆ **影响其发生的因素**

柑橘大绿蝽的发生与为害常与以下因素有关：①寄主植物。不同寄主植物品种对柑橘大绿蝽表现出不同的抗虫能力。植株生长健壮，抗逆性强，柑橘大绿蝽发生也较轻。②温度与湿度。当日平均气温稳定通过 14℃ 时，越冬成虫开始出蛰为害。气温低于 14℃ 或遇风雨天气，则蛰伏不动。若虫喜在晴天和阴天活动取食，遇下雨天则在叶背不活动，大暴雨对初孵若虫有一定的机械冲刷作用。高湿会使卵块滋生灰霉菌，从而降低其孵化率。③天敌。柑橘大绿蝽的天敌包括多种卵寄生蜂、黄猄蚁、螳螂和鸟类等，对柑橘大绿蝽具有一定的控制作用。室内试验显示平腹小蜂对柑橘大绿蝽的寄生率可高达 70% 以上。在广西隆安县柑橘园，多种卵寄生蜂的总寄生率最高可达 79.6%。

◆ **防治措施**

基于种群监测数据与气象信息，结合参考历史发生资料，综合分析做出柑橘大绿蝽发生期与发生量预测。1/10 的果树上有成虫或若虫时需要防治。引进或保护黄猄蚁和平腹小蜂等天敌。摘除卵块，如果卵上有1 个黑环则表明已被寄生蜂寄生，不要摘除。在阴雨天或晴天早晨露水未干前，成、若虫不活泼，多栖息在树冠外围叶片上，可在此时进行捕杀。

横纹菜蝽

横纹菜蝽是昆虫纲半翅目蝽科菜蝽属一种，为蔬菜害虫，又称横带菜蝽、盖氏菜蝽、乌鲁木齐菜蝽、河北菜蝽、云南菜蝽、花菜蝽。

◆ **地理分布**

横纹菜蝽分布于中国、南欧、土耳其和俄罗斯，在中国各省（区、市）广泛分布。

◆ **形态特征**

横纹菜蝽成虫体长 7 ～ 9 毫米，宽 4 ～ 5 毫米，椭圆形，黄色至红色，具黑斑，体密布刻点。头蓝黑色，侧缘上卷，边缘黄白色至黄红色，复眼前方具 1 黄白色至黄红色斑，复眼、触角、喙黑色，单眼红色。前胸背板上具 4 个大黑斑，前2 个三角形，后 2 个横长；中央具1 黄色隆起"十"字形纹。小盾片

横纹菜蝽成虫

蓝黑色，上具"Y"形黄色纹，末端两侧各具 1 黄斑。卵高约 1 毫米，直径约 0.7 毫米，圆柱形，初产时白色，后渐变为灰白色，近孵化时灰黑色。若虫初孵化时橘红色，后变深，5 龄若虫头、触角、胸部黑色，头部具三角形黄斑，胸背具 3 个橘红色斑。

◆ **生活史与习性**

横纹菜蝽在北方 1 年发生 2～3 代，以成虫在设施菜地内、枯枝落叶下、树皮缝、石块下、土缝中或枯草中越冬。翌年 3 月上旬开始取食并交尾产卵，5 月上旬可见各龄若虫及成虫。成虫交尾后将卵产在叶背面，呈双行排列，大部分每块产 12 粒。初孵若虫群集在卵壳四周，1～3 龄有假死性，随着龄期增大逐渐分散，大龄若虫适应性和耐饥饿力强。成虫有喜光、趋嫩和假死习性，喜在植株顶端嫩叶或顶尖上栖息并在露水未干时交尾；中午活跃，善飞；受惊后缩足坠地或振翅飞离。

横纹菜蝽的寄主植物主要有十字花科的甘蓝、紫甘蓝、青花菜、花椰菜、白菜、萝卜、樱桃萝卜、白萝卜、油菜、芥菜、板蓝根和豆类及茄果类蔬菜等，其中以十字花科受害最重。成虫和若虫刺吸作物的嫩芽、嫩茎、嫩叶、花蕾和幼荚。幼苗子叶受害可致植株萎蔫甚至枯死；花期受害导致落花、落蕾，不能结荚或籽粒干瘪；茎叶受害出现黄褐色斑点；果实受害形成塌陷僵果。横纹菜蝽还可传播软腐病和黑腐病。

◆ **防治措施**

秋季铲除田间落叶杂草，消灭越冬虫源；在卵盛期及若虫盛期，摘除卵块和群居若虫。化学药剂有高效氯氟氰菊酯、溴氰菊酯等，可在成、若虫期进行防治。

荔枝蝽

荔枝蝽是昆虫纲半翅目蝽科荔枝蝽属一种，为果树害虫，又称荔蝽、荔枝椿象，俗称臭屁虫。

◆ **地理分布**

荔枝蝽在南亚、东南亚国家和中国的福建、台湾、广东、广西、云南及四川等荔枝、龙眼种植省区均有分布。

◆ **形态特征**

荔枝蝽成虫体长 24.0 ～ 28.0 毫米，宽 15.0 ～ 17.0 毫米，盾形，黄褐色，腹面附有白色蜡粉。雌虫体形一般略大于雄虫，腹部末节腹面中央开裂。雄虫腹部背面末节有 1 个凹下的交尾结构，可作为雌雄的辨别特征。臭腺开口于中足基部侧后方。卵近圆筒形，淡绿色或黄色，随着胚胎的发育逐渐变成灰褐色，孵化前浅红色。若虫共 5 龄。1 龄体形椭圆，初孵时体色血红色，随后渐变成深蓝色，复眼深红色；2 龄开始体形变成长方形，橙红色，外缘灰黑色；3 龄体长 10.0 ～ 12.0 毫米，中胸背面隐约可见翅芽；4 龄体长 14.0 ～ 16.0 毫米，中胸背侧翅芽明显；5 龄体长

荔枝蝽成虫

荔枝蝽若虫

18.0～20.0毫米，体色略浅于前4龄，翅芽更长，羽化前体被蜡粉。腹部背面4～5节间和5～6节间各具1对臭腺。

◆ **生活史与习性**

荔枝蝽每年发生1代，以成虫越冬。成虫4、5月为产卵盛期，可产卵5～10次，每次14粒，主要产于叶背，偶尔出现在叶面、花穗、叶梢和果实上。卵期长短与温度有关，18℃时20～25天，22℃时7～12天。若虫4月初开始孵化，初孵时有群集性，数小时后分散取食，为害新梢、花穗、幼果，有假死性，耐饥力强。3龄后抗药性增强，6月份若虫成熟羽化，并大量取食准备越冬。性未成熟的成虫于背风面浓密树冠的叶丛背面处越冬，越冬后的成虫脂肪量减少，耐药性降低。翌年3月春分前后随温度升高，开始在新梢、花穗处取食交尾，交尾1～2天后开始产卵，完成世代更替。

荔枝蝽是中国荔枝、龙眼产区发生最为普遍的害虫之一，主要为害荔枝和龙眼，也为害其他无患子科植物。成虫、若虫均刺吸嫩枝、花穗、幼果的汁液，导致落花落果。其分泌的臭液触及花蕊、嫩叶及幼果等组织可导致接触部位枯死，大发生时严重影响产量，甚至颗粒无收。

◆ **影响其发生的因素**

荔枝蝽的发生和为害主要与以下因素有关：①温度。冬天气温过低会降低越冬虫源的存活率，早春低温会延迟蝽象开始活动和产卵的时间。②天敌。主要有平腹小蜂和跳小蜂，均为卵寄生，但早春季节自然寄生率不高。人工释放平腹小蜂可很好地控制荔枝蝽的为害。③寄主植物。取食荔枝花果的雌成虫产卵量高，取食嫩枝的雌成虫产卵量低，而取食老枝的雌成虫不能产卵。成虫的寿命也与食料有关，取食花果的寿命最长，取食嫩枝的次之，取食老叶的成虫寿命最短。

◆ **防治措施**

清除果园及其周边的杂草并集中烧毁；抹除树干上的干翘树皮，填塞树缝树洞。结合疏花疏果，摘除并销毁卵块或若虫团；或利用荔枝蝽成虫的假死性，在越冬成虫产卵前期气温较低时，早晚突然摇树捕杀坠落的成虫。

早春在荔枝蝽产卵初期，把预计 1 ～ 2 天后羽化的平腹小蜂卵卡挂在树冠下层离地面 1 米左右、直径 1 厘米以下的枝条上。10 年树龄以上的大树放 1000 头 / 树，10 年以下的树放 600 头 / 树，均分两批释放，小树可隔株放蜂。

每年 3 月春暖时越冬成虫开始活动、交尾，体质较弱，而 4 ～ 5 月是低龄若虫的发生盛期，这两个时期都是防治荔枝蝽的最佳时期，可用敌百虫、高效氯氰菊酯、高效氯氟氰菊酯、溴氰菊酯、甲氰菊酯、噻虫嗪等药剂喷雾 1 ～ 2 次。

麦 蝽

麦蝽是昆虫纲半翅目蝽科麦蝽属一种，为作物害虫。

◆ **地理分布**

麦蝽分布于亚洲、欧洲和北美洲，在中国分布于黑龙江、内蒙古、新疆、甘肃、青海、宁夏、山西、陕西、江苏、浙江、江西等地，西北荒沙地区发生严重。

◆ **形态特征**

麦蝽成虫体长 9 ~ 11 毫米，黄至黄褐色，前胸背板有 1 条白色纵纹。头较小，向前方突出，前端向下，尖而分裂，两侧有黑点。刺吸式口器。卵馒头状，长 1 毫米，初产白色，孵化前灰黑色。若虫共 5 龄，体长 8 ~ 9 毫米，黑色，复眼红色，腹节间黄色。

◆ **生活史与习性**

麦蝽在中国一般 1 年发生 1 代，但在宁夏 1 年发生 2 ~ 3 代，以成虫及若虫在杂草、落叶、土块或墙缝中越冬。在甘肃河西地区，成、若虫 4 月下旬出蛰，首先在芨芨草上取食活动，5 月初迁入麦田，6 月上旬产卵，卵期约 8 天，6 月中旬进入卵孵化盛期。若虫为害期 40 天左右，为害后成虫或老熟若虫迁回芨芨草，9 月后陆续越冬。

麦蝽喜高温，但在盛夏季节，中午多隐藏在植株下部或土缝中避暑。一般白天活动，下午 1 ~ 3 点最活跃。成虫交尾后 1 天即可产卵，卵多产在植株下部及枯黄叶背面。每头雌虫可产卵 20 ~ 30 粒，卵单排产下。成虫虽有翅，但只能作短距离飞翔，最喜在坟头、地埂、渠岸、碱滩上的芨芨草丛下 6 ~ 10 厘米处越冬。麦蝽的发生与田间植被的密度有密切关系，通常茂密麦田比生长一般的麦田发生重，且以阳坡地多，阴坡地少，春茬地多，秋茬地少。另外，麦蝽发生量与土质也有关系，一般黏重土壤灌水后易裂缝的麦田比沙壤土麦田发生重。

麦蝽主要为害麦类、水稻等禾本科植物和苜蓿、桧柏等。成、若虫刺吸寄主叶片汁液，受害麦苗出现枯心或叶面上出现白斑，后扭曲成辫子状，严重时叶片尖端齐断，后期被害可形成白穗和秕粒。

◆ **防治措施**

初冬麦蝽出蛰前及时清除越冬场所杂草及枯枝落叶，深埋或销毁芨芨草堆以减少虫源。化学防治在小麦苗期麦蝽大量迁入时进行。

弯刺黑蝽

弯刺黑蝽是昆虫纲半翅目蝽科黑蝽属一种，为作物害虫，俗称屁斑虫。

◆ **地理分布**

弯刺黑蝽分布于中国、朝鲜半岛、日本，在中国分布于四川、陕西、湖北、湖南、贵州、云南、台湾等地部分山区。

◆ **形态特征**

弯刺黑蝽雌成虫9～10毫米，雄成虫体长8～9毫米。头部黑色，前端呈小缺刻状。前胸背板、小盾片及前翅的爪片、革片暗黄色。前胸背板中央有1条淡黄褐色的细纵线。前胸背板前角尖长而略弯，指向前方，其侧角伸出体外，端部略向下弯。后足胫节中部黄褐色，身体其余部分黑色。体表密被短毛，成虫常沾满泥土，呈黑褐色。卵杯状，卵盖隆起。卵初产灰绿色或蓝灰色，后变为暗灰色，孵化前呈暗紫色。若虫4～6龄，1龄若虫腹部背面突出如小瓢虫状，上有桃红色斑，头部中叶比侧叶长，端部较侧叶略宽。2龄与1龄相似，头部中叶较侧叶长，但前端与侧叶等宽。3龄若虫深褐色，头部中叶与侧叶前端几乎等

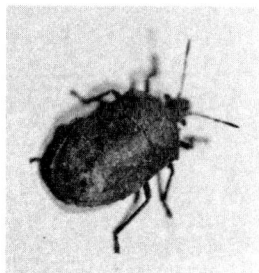

弯刺黑蝽成虫

长，翅芽可见。4 龄若虫黄褐色或黑褐色，头部中叶较侧叶略狭、略短，翅芽短，超出后胸侧缘。5 龄若虫头部中叶较侧叶略短，宽约为侧叶之半。末龄（4～6 龄）若虫，体色似 4 龄若虫，头部中叶比侧叶短、狭，翅芽伸至腹部第 3 节背面。

◆ 生活史与习性

弯刺黑蝽 1 年发生 1～2 代。以 2 代成虫和少量若虫在土中、玉米残体茎基部及杂草中越冬。无休眠滞育，气温在 12℃以上能活动取食。翌年春天，越冬代成虫为害早播春玉米。卵块产于表土土块下或近地叶片背面，成双排状，每块卵 5～10 粒。若虫和成虫有假死性，畏光，喜食幼嫩的叶片和嫩茎的汁液。成虫和若虫均具负趋光性，在土下可昼夜取食，雨后积水时才到地面上活动。弯刺黑蝽常在一定海拔高度的深丘和山区的山沟坡地为害，以较阴湿处发生、为害较重；免耕田、杂草多的田块、连作禾本科作物田重于轮作田；田埂边、树林边、岩壳田发生、为害重，平坝地、田块中间发生较轻。

弯刺黑蝽成虫刺吸为害

玉米被害状

弯刺黑蝽除为害玉米外，还为害旱稻、高粱、小麦、薏苡等作物以及旱稗、雀稗、狗尾草、牛筋草等禾本科杂草。成虫和若虫在玉米苗茎基部和根部刺吸汁液。2～5叶玉米苗被害后，心叶萎蔫、叶片变黄、植株枯死。5～10叶期被害，叶片出现排孔，生长点被破坏，心叶卷曲、色浓、皱缩、纵裂，植株矮化、分蘖丛生，呈畸形不结实，以玉米拔节期前的玉米苗受害最重。

◆ 防治措施

弯刺黑蝽重发区域可推广水旱轮作，或玉米与大豆、甘薯、烟草等非禾本科作物的轮作，可减轻为害。内吸性化学农药吡虫啉悬浮型种衣剂或丁硫克百威种衣剂包衣对弯刺黑蝽有一定的控制作用。化学防治弯刺黑蝽应在玉米5叶期之前进行，因为早期该虫为害症状轻，只见排孔而无皱缩畸形植株，被害株还可继续生长结实。当田间出现为害株时，选用毒死蜱乳油或氯氰菊酯乳油于玉米苗根基部喷雾。

飞　虱

白背飞虱

白背飞虱是昆虫纲半翅目飞虱科白背飞虱属的一种。

◆ 地理分布

白背飞虱在中国除新疆未明外，其他各地均有分布。在国外主要分布于蒙古、韩国、日本、尼泊尔、巴基斯坦、沙特阿拉伯、印度、斯里兰卡、泰国、越南、菲律宾、印度尼西亚、马来西亚、斐济、密克罗尼西亚联邦、瓦努阿图及澳大利亚（昆士兰和北部地区）。

◆ 形态特征

白背飞虱长翅型成虫体连翅长：雄性 3.3 ～ 4.0 毫米，雌性 4.0 ～ 4.5 毫米；体长：雄性 2.0 ～ 2.2 毫米，雌性 2.8 ～ 3.1 毫米；翅长：雄性 2.9 ～ 3.1 毫米，雌性 3.0 ～ 3.4 毫米。短翅型成虫体长：雄性 2.7 ～ 3.0 毫米，雌性 3.5 毫米。头顶、前胸和中胸背板中域黄白色或姜黄色，前胸背板复眼下方有 1 个暗褐色斑，中胸背板侧区黑或淡黑色。雄虫头顶端半两侧脊间、额、颊和唇基黑色，雌虫灰黄褐色；触角淡褐色。雄虫胸部腹面及腹部大部分黑褐色，雌虫灰黄褐色，仅中胸腹板及腹部背面有黑褐色斑。各足除基节外均为污黄色。前翅淡黄褐几透明，翅端或具烟污色晕斑，翅斑黑褐色。短翅型体色同长翅型。

a 背面观　　　　b 侧面观

白背飞虱成虫

白背飞虱头顶长为基部宽的 1.3 倍，侧观头顶与额钝圆交接，中侧脊起自侧缘中偏下方，在头顶端部相遇，基隔室后缘宽度为"Y"形脊长的 1.7 倍，为其最大长度的 1.4 倍，额长为最宽处的 2.45 倍，中偏端部处最宽，中侧脊于基端分叉；后唇基基部稍宽于额端部；触角稍伸出额端部，第 1 节长大于端宽，第 2 节约为第 1 节长度的 2.0 倍；前胸背板短于头顶中长，侧脊不达后缘。后足胫距具齿 22 ～ 25 枚。雄虫臀节端侧角各向腹部伸出 1 根中等粗长的刺状突。尾节后开口宽约等于长，具一小锥形腹中突。膈背缘中部具一宽"U"形突起。阳茎顶端强烈收狭，向腹面弯曲，腹侧观左侧齿列具 18 枚齿，右侧 12～14 枚，二齿列基部分离。悬片长方形，中部孔长椭圆形。阳基侧突基部阔，向端部骤狭，端部叉状，外叉宽，顶端钝圆，内叉较窄，顶端尖，两叉长度几相等。

白背飞虱卵香蕉形，长 0.8 毫米，宽 0.2 毫米，初产时乳白色，后变黄色，并出现红色眼点，将孵化时眼点变为红褐色。卵帽高大于底宽，而端部渐细，卵块排列成行，每行有几粒至 20 多粒，产卵痕不外露或稍露出尖端。

白背飞虱若虫共 5 龄，有深浅 2 种色型。1 龄若虫长 1.1 毫米，灰褐或灰白色，无翅芽，腹背有清晰的"丰"字形浅色斑纹。2 龄若虫体长 1.3 毫米，灰褐或淡灰色，无翅芽，腹部背面中央也有 1 个灰色"丰"字形斑纹。3 龄若虫长 1.7 毫米，灰黑与乳白相嵌，胸部背面有灰黑色不规则斑纹，边缘清晰，翅芽明显。4 龄若虫体长 2.2 毫米，前后翅芽长度近相等，斑纹清晰。5 龄若虫长 2.9 毫米，前翅芽超过后翅芽的端部。

◆ **生活史与习性**

白背飞虱在中国南岭以南 1 年发生 7～11 代，广东东部和福建 1 年发生 6～8 代，长江中下游年发生 4 代，黄河流域 3～4 代，东北地区 1·-3 代，各地从始见虫源到主要为害一般历时 50～60 天，主迁入峰迁入后 10～20 天即为主害代田间第二若虫为害高峰期。

白背飞虱在中国的越冬北界在暖冬年份为北纬 26° 左右。白背飞虱每年春夏季发生，初始虫源主要来自中南半岛，随西南季风于 3 月中下旬迁入中国珠江流域，为害早稻，此后由南向北依次推进，4 月上中旬迁至南岭地区，4 月中下旬到达北纬 29° 左右，5 月下旬可越过北纬 30°，5 月下旬至 6 月中旬中国南部早稻成熟时开始有虫源迁出，6 月下旬到 7 月初南岭地区早稻成熟时虫源可迁至华北和东北地区，8 月下旬之后，北方稻区迁出虫源在东北气流影响下向南回迁，对南方双季晚稻有一定影响。

白背飞虱以水稻为寄主植物，是为害水稻的迁飞性害虫，是中国农业生产上的大害虫，主要以刺吸和产卵为害，不传播植物病毒病。各地主迁峰的虫量是决定白背飞虱能否大发生的关键因素，其发生程度除取决于虫源基数外，还与气候、水稻品种和生育期、栽培管理技术及田间天敌有关，发生量适宜温度为 22 ～ 28℃，相对湿度为 80% ～ 90%，温度超过 30℃ 或低于 20℃，对成虫产卵和若虫成活均不利。成虫迁入期雨日多，有利降虫、产卵和若虫孵化，高龄若虫期在天旱时可加重为害。水稻收割时，白背飞虱常大量向田边扩散，暂栖于各种杂草上，这些杂草被称为"暂栖植物"或"暂栖寄主"，不是真正的寄主植物。

褐飞虱

褐飞虱是昆虫纲半翅目飞虱科褐飞虱属的一种。

◆ 地理分布

褐飞虱在中国除黑龙江、内蒙古、青海及新疆未有记录外，其余各地均有发生；在国外分布于俄罗斯、韩国、日本、东南亚、太平洋各岛屿及澳大利亚。

◆ 形态特征

褐飞虱成虫。长翅型体连翅长：雄性 3.6 ～ 4.2 毫米，雌性 4.2 ～ 4.8
毫米；体长：雄性 2.5 毫米，雌性 3.4 毫米；翅长：雄性 3.6 毫米，雌
性 4.0 毫米。短翅型体长：雄性 2.4 ～ 2.8 毫米，雌性 2.8 ～ 3.2 毫米。
体色有深浅 2 种色型，褐色至黑褐色，具明显的油状光泽，前翅透明，
端脉和翅斑暗褐至黑褐色。头顶四方形，中长约等于基宽，端缘近平截，
中侧脊起自侧缘基部 1/4 处，在头顶端部不汇合，"Y" 形脊主干弱。
额中长为中部最宽处的 2.2 ～ 2.4 倍，侧脊近平直，中脊在额基部分叉。
触角圆筒形，第 1 节长为端宽的 2.0 倍，第 2 节为第 1 节长的 1.7 倍。
后足胫距具 24 ～ 29 枚齿。长翅型前翅长为最宽处的 3.3 倍，短翅型前
翅伸达腹部第 5 到 6 节。雄虫臀节陷入尾节凹陷内，两端侧角分离，各
伸出 1 根长刺突；尾节后面观后开口宽大于长，侧、腹缘完整无突起；
膈宽，中域骨化，背缘中部均匀弧凹；阳茎长、管状，端部 1/3 收狭并
向上翘，顶端尖，性孔位于中偏端方
一侧，其下方具 5 枚微齿；悬片柄狭
长，腹环椭圆形；阳基侧突发达，内
缘近基部剜陷，内端角向内前方伸出，
呈 1 个狭长的尖角。雌虫第一载瓣片
内缘基部有 1 个大的半圆形突起。

褐飞虱卵产于稻株下部叶鞘或叶
片中脉两侧组织中，通常 10 ～ 20 粒
排列成"卵条"。卵粒香蕉形，长近

a 背面观　　　　b 侧面观

褐飞虱成虫

1 毫米；前期为乳白色，后期可见橙红色眼点。

褐飞虱若虫 5 龄，体色有深浅之分。初龄若虫灰黑色，2 龄淡黄色，3 ～ 5 龄黄褐色相嵌。初龄若虫体长 1 毫米，5 龄可达 3 毫米。成虫与若虫除性成熟与翅发育完成外，外观形态相似。

◆ 生活史与习性

褐飞虱长翅型雌虫一般羽化后 24 小时起飞，羽化后 36 小时出现起飞高峰，此时卵巢处于 1 级和 2 级初期，未交配，迁入区为 2 级，交配率高，起飞的日节律 7 ～ 9 月当日平均气温在 25℃ 以上，于日出前和日落后起飞，10 月份当日均温在 19℃ 以下，一般在傍晚前飞行，起飞盛期的日照强度为 14 ～ 100 勒克斯，在 20 ～ 30 勒克斯出现起飞高峰。褐飞虱在夏季北迁时飞行高度在 1000 ～ 2000 米，秋季回迁因受温度影响，其飞行高度在 400 ～ 1000 米。

褐飞虱抗寒性弱，无滞育特性，在中国能越冬的区域仅包括两广南部、福建和云南南部、海南及台湾等冬春温暖有稻苗生长的地区。根据其越冬分布，可分为以下 3 个区域：①终年繁殖区（北纬 19° 以南的海南省南部）。②少量越冬区。北回归线两侧，自海南中部（北纬 19° 以北）至北纬 25° 之间，又以北纬 21° 左右为界限划分为常年稳定越冬区（北纬 21° 以南）与间歇越冬区。③不能越冬区。北纬 25° 以北的广大稻区。褐飞虱成虫有趋光和趋绿习性，雌虫在叶片肥厚部分或叶片基部中脉组织内产卵，在叶片上的卵多产在正面，每雌可产 300 ～ 1000 粒，最多可达 1000 多粒。该害虫喜温湿，生长发育的适温是 20 ～ 30℃，最适温度 27℃ 左右，相对湿度在 80% 以上。长江中下游地区，梅雨期长或梅雨后有台风，有利其降虫迁入，迁入后灾变的条件为"盛夏不热，晚秋不凉，夏秋多雨"。与白背飞虱一样，水稻收割时，褐飞虱也会大量向田边扩散，暂栖于各种杂草上，但这些"暂栖植物"或"暂栖寄主"不是真正的寄主植物。褐飞虱仅为害水稻和野生稻。

褐飞虱作为为害水稻的迁飞性害虫，其为害主要表现在 3 个方面：①成虫、若虫群集在稻丛基部叶鞘上刺吸汁液，轻者叶片发黄，重者植株瘫痪倒伏，导致减产或失收。②产卵时划破茎叶组织，形成大量伤口，影响输导组织，加重受害程度。③能传播草状丛矮病，也有利于纹枯病和小球菌核病的侵染寄生。

20 世纪 50 年代后期，褐飞虱仅在中国南方部分地区为害成灾，60年代末期后在中国频繁暴发，成为长江流域以南稻区的头号害虫，其中成虫迁入的时期和数量是影响爆发的关键因子。中国每年褐飞虱发生的初始虫源来源于越南中部的湄公河三角洲，而直接虫源则来源于北部的红河流域。根据各地发生世代数、虫源迁入和迁出、水稻栽培制度及气候区划等可将中国东半部划分为 8 个发生区，即：琼南 12 代区，琼雷 10 ~ 11 代区，两广南部 8 ~ 9 代区，南岭 6 代区，岭北 5 代区，沿江 4 ~ 5 代区，江淮 3 代区和淮北 1 ~ 2 代区。该害虫在中国东半部地区常年出现 5 次自南向北迁飞，秋季可出现 3 次自北向南回迁。

◆ **天敌**

褐飞虱的田间天敌寄生于卵的有稻虱缨小蜂、褐腰赤眼蜂等，寄生于成虫、若虫的有稻虱鳌蜂、稻虱线虫，捕食性天敌主要有黑肩绿盲蝽、步甲、瓢虫和蜘蛛等类群。

灰飞虱

灰飞虱为昆虫纲半翅目飞虱科灰飞虱属的一种。

◆ 地理分布

灰飞虱在国外分布于欧洲、亚洲及北非等地，在中国广泛分布于各地。

◆ 形态特征

灰飞虱成虫长翅型体连翅长：雄性 3.3 ～ 3.8 毫米，雌性 3.6 ～ 4.0 毫米；体长：雄性 2.0 ～ 2.3 毫米，雌性 2.1 ～ 2.5 毫米；翅长：雄性 2.8 毫米，雌性 3.0 毫米。短翅型体长：雄性 2.0 ～ 2.3 毫米，雌性 2.3 ～ 2.6 毫米。虫体黄褐至黑色。头顶端半两侧脊间，额、颊、唇基和胸部侧板黑色；头顶基膈室、前胸背板、中胸翅基片、额和唇基脊、触角及足黄褐色。雄虫中胸背板黑色，仅小盾片末端和后侧缘黄褐色；雌虫中胸背板中域淡黄色，两侧具黑褐色宽纵带。雄虫腹部黑色，雌虫腹部背面暗褐色，腹面淡黄褐色。前翅透明，脉与翅面同色，翅斑黑褐色。

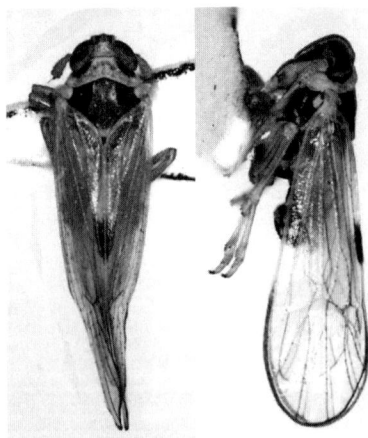

a 背面观　　　　b 侧面观

灰飞虱成虫

灰飞虱头顶基部宽约等于中央长度，基宽等于端宽，端缘平截；中侧脊起自侧缘基部上方，在头顶端缘汇合；基膈室后缘宽为最大长度的 1.4 倍。额长为额宽最宽处的 2.2

倍，额以近复眼下缘处最宽，侧脊略拱，中脊在基端分叉。触角圆筒形，伸过额端部，第 1 节长为端宽的 1.5 倍，第 2 节为第 1 节长的 2.0 倍，喙伸出中足转节。前胸背板与头顶等长，侧脊未伸达后缘；中胸背板约为头顶和前胸背板长度之和的 1.8 倍。后足胫距具 16 ～ 20 枚齿。雄虫臀节短，端侧角各向腹面伸出 1 个短小刺突，尾节后面观后开口宽大于长，侧缘凹缺不完整，背侧角稍向中部伸出，侧面观腹缘明显长于背缘；膈宽，背缘中部隆起，膈面色深而骨化，中域拱凸，侧面观明显突出，超出尾节后缘。阳茎侧扁、管状，背缘弧形弯曲，基部 3/4 阔，端部 1/4 骤向背面收狭，再向顶端变尖细，性孔位于端部 1/4 腹面。悬片长卵圆形，腹面窄，背面具背柄与臀节相连。阳基侧突小，后面观似鸟形。

◆ **生活史与习性**

灰飞虱在中国东北地区 1 年发生 3 ～ 4 代，华北 4 ～ 5 代，华东和华中大部分地区 5 ～ 6 代，福建 7 ～ 8 代，以 3、4 龄若虫在麦田、田埂、沟边杂草及土缝中越冬，华南地区无越冬现象，冬季仍能为害小麦。各虫态的历期：①卵期。17 ～ 20℃ 为 15 ～ 20 天，22 ～ 23℃ 为 10 ～ 11 天，27 ～ 30℃ 为 5 ～ 7 天。②若虫期。17 ～ 19℃ 为 26 ～ 27 天，24 ～ 28℃ 为 15 ～ 17 天，30℃ 以上历期有延长的趋势。成虫寿命：①均温 23.2℃ 下雌成虫为 24.1 天，雄成虫为 16 天。② 28℃ 下雌成虫为 17.9 天，雄成虫为 5.6 天。产卵前期：在 21 ～ 24℃ 时长翅型为 6 ～ 8 天，短翅型比长翅型少 1 ～ 1.5 天。雌虫将卵产在稻株下部叶鞘和叶片基部中脉两侧组织内，抽穗后也可产在稻轴腔内，卵块中卵粒成簇或成双行排列，卵帽稍露出产卵痕，每长翅型雌虫平均产卵 120 粒，短翅型雌虫平均产卵 158 粒。温度对产卵量有很大影响，温度升高产卵量相应增加，但温度高于适温后，产卵量反而随温度升高而下降。灰飞虱发育起点温度为 23 ～ 25℃，冬暖夏凉和稻麦混栽区扩大冬小麦面积有利于其大发生。稻田稀播稀植和施用氮肥过量，导致稻苗生长趋绿、分蘖多，易诱发灰飞虱成虫产卵和传播病毒病。

灰飞虱成虫有趋光、趋嫩绿和趋边行的习性。灰飞虱食性广泛，可为害水稻、小麦、谷子、高粱、稗、早熟禾、马唐、鹅冠草、蔺草、看麦娘、狼尾草、千金子等植物。成虫、若虫常栖息在稻株下部，如无惊扰很少迁移，若受惊扰则横行到稻株背面躲避，或成虫跃飞而逃。

灰飞虱遍布中国各地，其中以中部地区发生较多，是水稻生长前期的重要害虫，除以成虫、若虫刺吸为害外，在华东地区还能传播水稻黑条矮缩病和条纹叶枯病，在华北与西北地区主要传播小麦丛矮病和玉米矮缩病，通过传毒为害造成的经济损失远大于直接刺吸为害带来的损失。

长绿飞虱

长绿飞虱是昆虫纲半翅目飞虱科长飞虱属的一种。

◆ 地理分布

长绿飞虱在中国分布于黑龙江、吉林、辽宁、甘肃、河北、山西、陕西、山东、河南、江苏、上海、安徽、浙江、湖北、江西、湖南、福建、台湾、广东、广西、海南、四川、贵州及云南各地，在国外已知分布在俄罗斯南部、韩国及日本。

◆ **形态特征**

长绿飞虱成虫长翅型体连翅长：雄性 5.2 ～ 5.8 毫米，雌性 5.5 ～ 6.2 毫米；体长：雄性 3.0 ～ 3.1 毫米，雌性 3.4 ～ 3.6 毫米；翅长：雄性 4.3 ～ 4.5 毫米，雌性 4.8 ～ 5.2 毫米。体绿色或带有硫酸铜蓝色，陈旧标本为淡黄色。胸足的爪、跗节端刺及触角第 1、2 节前侧缘的纵条纹为黑色。前翅浅污黄带绿色，脉蓝色，极少数个体在端区后缘会出现黑褐色条纹斑。

a 背面观　　b 侧面观

长绿飞虱成虫

长绿飞虱头顶中长为基部宽的 2.8 倍，基宽大于端宽，侧面观与额尖圆交接，中侧脊起自侧缘近端部 1/3 处，在头顶端缘前相遇；额长为端部最宽处的 3.0 倍左右；额唇基缝中部强烈上凹；后唇基基部明显宽于额端部；触角第 1 节长约为宽的 2.0 倍，第 2 节长约为第 1 节长的 1.6 倍。后足胫距具齿 21 枚。前翅长为最宽处的 4.8 倍。雄虫臀节短，环状，臀突小，无臀刺突。尾节侧面观腹缘宽于背缘，后缘基部凹，腹后角明显突出，后面观后开口宽大于长，腹中突小。膈背缘两侧角状斜切，膈孔横椭圆形。阳茎短、管状，端部性孔周围具微齿，与臀节相连接有 1 个卷曲成 Ⅳ 形的长丝状附属物。阳基侧突狭长，强烈分歧，端部近 1/3 外缘浅凹，顶端尖。

长绿飞虱卵长 0.8 毫米，宽约 0.24 毫米，茄形、略弯曲，初产时乳白色，之后一端变黄。卵的发育可分为黄斑期、眼点期、胸节期和腹节期 4 个阶段。在黄斑期，卵帽端为一红头斑块，卵体半透明或乳白色；眼点期黄斑到达卵末端，卵前端出现针尖大嫩红色眼点；胸节期眼点鲜红，侧看占卵前端横径的 1/6 ～ 1/5，腹末有黄斑；腹节期眼点暗血红色，侧看占卵前端横径的 1/4，腹末有黄斑。

长绿飞虱若虫蜕皮 4 次，共 5 龄。初孵若虫乳白色，之后体色渐变深，3 龄后变为绿色。若虫从 1 龄后期开始体披白蜡粉，腹末有分泌的蜡丝，在腹端形成几条白色的尾丝，蜕皮时连同旧表皮一起蜕去，尾丝随龄期增加而增长。

◆ **生活史与习性**

长绿飞虱在吉林 1 年发生 3 代，在江苏和上海发生 4 ～ 5 代，9 月上旬后开始在秋茭白或野茭白的枯叶组织内产滞育卵越冬。成虫均为长翅型，有较强的趋光性，羽化后不久即能交配，产卵前期除越冬代外为 3 ～ 4 天，产卵高峰出现在开始产卵后的 1 ～ 3 天，一般为 2 天。每雌一生可产卵最少 26 粒，平均 109 ～ 209 粒，卵大多产在叶鞘或叶片近端部。长绿飞虱产卵时先用产卵管将产卵处穿刺成圆形的产卵孔，之后将卵产在空腔内，一般每室 1 粒，少数 2 粒，卵数粒至十多粒排列成相对集中的卵条，卵孔上覆盖有白色蜡粉，卵痕周围开始呈水渍状，后变为褐色。

在每年 7、8 月份长绿飞虱主要为害世代各虫态历期：卵为 8 天，若虫共 5 龄，历期为 15 ～ 16 天，成虫寿命 11 ～ 16 天。长绿飞虱最适宜发育温度为 24 ～ 28℃，对高温的适应性较差。江淮流域以南地区 6 ～ 8 月气温是影响当年虫害发生轻重的主要因素。

长绿飞虱仅为害茭白，是中国长江流域以南为害茭白的重要害虫。该种害虫喜欢群集在嫩叶及叶片中脉附近刺吸取食，受害叶片发黄，严重时叶片从叶尖向基部逐渐枯焦，乃至全株枯死，茭白受害后减产5%～30%，严重受害时可能导致失收。

◆ **防治措施**

长绿飞虱的天敌主要有稻虱缨小蜂和啮小蜂，对长绿飞虱越冬卵的寄生率可高达54%～77%。长绿飞虱的捕食性天敌有捕食螨、蜘蛛、草蛉和蛙类。

蝗

白纹雏蝗

白纹雏蝗是昆虫纲直翅目网翅蝗科雏蝗属曲隆亚属一种。

◆ **地理分布**

白纹雏蝗分布于中国宁夏、甘肃、青海、陕西、河南、新疆、内蒙古等地典型草原。

◆ **形态特征**

白纹雏蝗成虫体中小型，体色深褐色或草绿色。雌性个体比雄性大而粗壮。雄成虫体长 12～15 毫米，前翅长 7.5～10.0 毫米，后股节长 7.1～10.0 毫米；雌成虫体长 17.5～24.0 毫米，前翅长 9.5～13.0 毫米，后股节长 10.6～14.0 毫米。体褐色至深褐色，有的个体背部绿色。雄虫头大而短，较短于前胸背板。头顶锐角形，中部有 1 条纵向棕黄色条带，两侧各有 1 条油棕色色斑点围成的弧形条带，斑点较雌虫密。颜面稍倾斜。触角细长，超过前胸背板后缘，中段一节的长为宽的 1.3 ～ 2 倍。复眼较小呈卵形，其纵径为眼下沟长度的 1.5 ～ 1.8 倍。前胸背板平坦，近长方形，后缘钝角形，中隆线明显，侧隆线亦明显，在中部凹入呈明显的黄白色"X"形纹，沿侧隆线具黑色纵带纹，并在沟前区呈钝角形凹入；后横沟位于背板中部，沟前区与沟后区几等长；前缘平直，后缘钝角形。中胸腹板侧叶间中隔较宽，其最狭处等于或略小于侧叶的最狭处。前翅发达，顶端几乎到达腹部末端；缘前脉域及肘脉域常不具闰脉；中脉域的宽度几乎等于或略大于肘脉域的宽度。前翅中脉域具一列大黑斑，雌性前缘脉域具白色纵纹。后翅与前翅等长。后足腿节内侧基部具黑斜纹，其胫节黄或橙黄色。后足股节内侧下隆线具音齿 114 ～ 130 个。鼓膜孔呈狭缝状，其最狭处小于其长度的 1/9 ～ 2/11。尾须短锥形，基部较宽。下生殖板馒头形，顶钝圆。外生殖器主要由阳具基背片及阳茎复合体组成。产卵瓣末端钩状。

白纹雏蝗卵囊大小为 5.0 毫米 ×10.0 毫米，在卵囊中有 17 ～ 23 粒不等的卵粒，平均 18 粒卵，卵粒并列抱团；卵为长椭圆形，浅黄色。

白纹雏蝗的蝗蝻共 5 龄。1、2 龄蝗蝻俯观体中部有 1 条纵向白色条带。3 龄蝗蝻俯观体中部有 1 条纵向白色条带，前胸背板中部有 1 条"X"状白色条带，两侧黑色。4 龄蝗蝻俯观体中部有 1 条纵向绿色条带，前胸背板中部有 1 条"X"状白色条带，两侧黑色。5 龄蝗蝻前胸背板具明显的黄白色"X"形纹，中部有 1 条黑色斑点带，侧隆线具黑色饰边。

◆ **生活史与习性**

白纹雏蝗在宁夏地区每年发生 2 代，即每年有 2 个发生高峰期：第 1 批夏蝗和第 2 批秋蝗，以蝗卵在土中越冬。在宁夏典型草原上，白纹雏蝗越冬虫卵每年有 2 次孵化期。首批越冬虫卵 4 月中下旬开始孵化，5 月中下旬达到第 1 次孵化高峰期，6 月下旬至 7 月上旬逐步羽化为成虫后随即交配产卵，此时间段的白纹雏蝗称为"夏蝗"。第 2 批越冬虫卵 7 月中下旬开始孵化，8 月中下旬达到第 2 次孵化高峰期，9 月中下旬羽化为成虫交配产卵，此时间段的白纹雏蝗称为"秋蝗"。成虫有多次交尾多次产卵特性，产卵深度 1.5 ～ 2.0 厘米。

白纹雏蝗喜食长芒草和赖草，少食星毛委陵菜、阿尔泰狗娃花、达乌里胡枝子、稗草、冷蒿及猪毛蒿。白纹雏蝗是宁夏典型草原上的优势蝗虫，2010 ～ 2011 年在宁夏盐池、同心、固原、海原等地典型草原区暴发，受灾草场面积达 63.52 万公顷，占草场总面积的 26.03%，平均虫口密度 50 头 / 米 ^{2}，对典型草原的建群种长芒草造成严重危害。

◆ **影响其发生的因素**

低温不利于白纹雏蝗发育，若虫在 13℃ 以下不能蜕皮发育，成虫在 18℃ 以下不能交配产卵。在 18 ～ 33℃ 的温度范围内，白纹雏蝗 1 ～ 5 龄若虫的发育历期随着温度的升高而缩短。

◆ **防治措施**

在草原，白纹雏蝗为中期优势种，与其他种类混合发生，可采用菊酯类药剂或印楝素、绿僵菌生物制剂进行防治。

大垫尖翅蝗

大垫尖翅蝗是昆虫纲直翅目斑翅蝗科尖翅蝗属一种。

◆ **地理分布**

大垫尖翅蝗分布于意大利、罗马尼亚、乌克兰和中国。大垫尖翅蝗在中国主要分布于黑龙江、吉林、辽宁、河北、河南、内蒙古、新疆、宁夏、青海、陕西、山东、山西、安徽、甘肃、江苏等地。

◆ **形态特征**

大垫尖翅蝗雄成虫体长 14.5 ～ 18.5 毫米，雌成虫体长 21 ～ 29 毫米。头短于前胸背板。头侧窝三角形，颜面隆起较宽。触角丝状。前胸背板中央常具红褐色或暗褐色纵纹，有的个体具有不明显的"X"形纹。前翅发达，到达后足胫节中部。后足股节匀称，长约为宽的 4 倍，且股节顶端黑褐色，上侧中隆线和内侧下隆线间具 3 个黑色横斑。后足胫节淡黄色，基部、中部和端部各具 1 个黑褐色环纹。跗节爪间中垫较长，超过爪的中部。雄性成虫下生殖板短舌状，雌性产卵瓣粗短。

大垫尖翅蝗雄虫

大垫尖翅蝗雌虫

大垫尖翅蝗卵囊略呈圆柱形，长 16 ～ 25 毫米，宽 4.1 ～ 5 毫米。每一卵囊含卵 15 ～ 30 粒。

大垫尖翅蝗蝗蛹共有 5 龄。1 龄时体色黄褐，中线淡黄，细而明显。触角短，顶端略粗，黑褐色，黑褐节间白色。2 龄以后前胸背板出现黄褐色的"X"纹，并随龄期逐渐明显、加深。5 龄时头侧窝长三角形更明显。翅芽翻向背方，翅芽尖端延伸达第 4 腹节背板后缘，并将听器掩盖。

◆ **生活史与习性**

大垫尖翅蝗在中国西北部、内蒙古、黑龙江、山西北部等地区每年发生 1 代；北京、山东渤海湾地区，小部分发生 2 代；山东西部及较南地区每年发生 2 代。均以卵在土中越冬。大垫尖翅蝗的最早孵化出现在 7 月上旬，孵化盛期在 7 月下旬或 8 月初，孵化末期在 8 月中旬。一般成虫最早羽化期为 7 月下旬，羽化盛期在 9 月上、中旬；产卵期在 8 月初，盛期在 9 月中、下旬，产卵末期可延续到 10 月初。在大垫尖翅蝗发生 2 代的地区，第 1 代于 5 月上旬孵化，5 月下旬至 6 月上旬羽化为成虫，6 月中、下旬交配产卵；第 2 代于 7 月上旬开始孵化，7 月下旬至 8 月上旬羽化为成虫，9 月份交配产卵。

大垫尖翅蝗成虫在一天当中均能取食。大垫尖翅蝗常选择在植物覆盖度较低的地段交配。雌虫喜在地势较高，避风向阳的凹地、沟边、阳坡渠边等处产卵。成虫善飞能跳，利于迁徙觅食和逃避天敌。大垫尖翅蝗易在土壤潮湿、地面反碱、植被稀疏的环境中发生。

大垫尖翅蝗喜食禾本科、豆科、菊科、藜科、蓼科等牧草，是河、湖沿岸湿地及盐碱荒地的重要害虫，还为害小麦、玉米、高粱、谷子、豆类和苜蓿等。

春季大垫尖翅蝗的蝗卵孵化后，蝗蝻多在麦田及特殊环境的道边、田埂、堤坝、沟坡等处活动。麦收后，大垫尖翅蝗逐渐向玉米、谷子等秋收作物田迁移。秋季作物陆续成熟，田间杂草也随着干枯，大垫尖翅蝗又转向麦田，危害秋麦苗。大垫尖翅蝗先将麦田边沿的麦苗吃光，然后向中间渗透。大垫尖翅蝗发生严重时会造成缺苗断垄，甚至将麦苗全部吃光。

◆ 影响其发生的因素

大垫尖翅蝗的发生与为害常与以下因素有关：①温度。在适温范围内，温度高，蝗卵和蝻发育速度快，生殖力强。②降水。降水量是影响大垫尖翅蝗发生的重要气候因素。尤其是7月份降水量对第1代成虫产卵和第二代蝗蝻的孵化影响大。若7月干旱，则第2代发生面积大；反之，由于洼地积水，成虫被迫退至小面积高地产卵，则发生面积小。因此，温度偏高的干旱年份，发生严重。③土壤盐分。虽然大垫尖翅蝗产卵对土壤含盐量的选择性不大，但土壤含盐量影响植物群落的组成，因而通过食料间接影响大垫尖翅蝗发生。

◆ 防治措施

应以"预防为主，综合防治"的策略为指导，同时必须依据种群密度、发生环境的特点，因地、因时制宜地确定防治时期、防治方法。养鸡养鸭灭蝗是首选的生态治理方法。同时治理蝗虫滋生地，尤其是对适宜产卵域进行重点改造。保护利用天敌，大垫尖翅蝗卵期天敌主要有中国雏蜂虻、卵寄生蜂、豆芫菁幼虫。在土质松、植被稀的地带，鸟类也能取食部分蝗卵。大垫尖翅蝗蝗蝻期和成虫期的天敌有蜘蛛、蚂蚁、螳螂、螽蟖、蛙类和鸟类，它们对大垫尖翅蝗具有一定的控制作用。当蝗虫发生量较小时，可采用微生物杀虫剂（如绿僵菌、白僵菌），亦可采用蝗虫微孢子虫进行防治。蝗虫发生量大时，应及时采用化学农药防治，迅速压低蝗虫虫口，大面积防治可采用喷雾机或飞机超低容量喷雾，常用药剂有菊酯类农药等。

短星翅蝗

短星翅蝗是昆虫纲直翅目斑腿蝗科星翅蝗亚科星翅蝗属一种。

◆ **地理分布**

短星翅蝗在中国分布于内蒙古、黑龙江、吉林、辽宁、河北、北京、山西、陕西、宁夏、甘肃、青海、新疆、山东、江苏、安徽、浙江、湖北、湖南、江西、贵州、广东、广西，在国外见于俄罗斯、蒙古、朝鲜。

◆ **形态特征**

短星翅蝗成虫体中型，雌雄差异较大。雄性体长12.5～21.0毫米，前翅长8.0～12.5毫米；雌性体长25.0～42.5毫米，前翅长14～20毫米。体褐色或暗褐色，有的个体在前胸背板侧隆线及前翅臀域具黄褐色纵条纹。头大，略短于前胸背板。颜面近垂直，隆起宽平，具刻点，无纵沟，侧缘近平行。头顶圆，凹陷，无中隆线，后头具中隆线，无头侧窝。触角刚到达前胸背板后缘。复眼卵形，较大。前胸背板宽短，中、侧隆线均明显，前胸腹板突圆柱形，顶端钝圆，中胸腹板侧叶间中隔较宽。前翅较短，顶端较狭，后翅略短于前翅。后翅基部非红色。后足节短粗，股节上隆线具明显的细齿，膝侧片顶端圆形。后足胫节红色。

短星翅蝗卵块长 25～41 毫米，直径 4.5～7 毫米，卵囊红色或姜黄色，表面与泥土黏着。卵粒 4 个一排，呈放射形排列。卵壳表面粗糙，有六角形网状花纹。卵粒长约 5.6 毫米，直径约 1.25 毫米，中部略弯曲，卵孔附近略缢缩。每个卵块含卵 35～56 粒。

短星翅蝗蝗蝻 6 龄。1 龄蝗蝻翅芽不明显。2 龄时翅芽虽已出现但不明显，前翅芽略突出于中胸背板，向后下方伸展。3 龄时翅芽较明显，突出于中胸及后胸背板，前翅芽较小，后翅芽较大，均呈半圆形，向后下方伸展。4 龄时前翅芽狭长，基部为前胸背板所覆盖，顶端仍为圆形，翅脉明显。5 龄时翅芽不超过第 1 腹节。6 龄时翅芽则可超过第 2 腹节的一半。

◆ **生活史与习性**

短星翅蝗每年发生 1 代，以卵在土中越冬，次年 5 月中旬至 6 月中旬开始孵化，孵化期可延至 7 月上旬。短星翅蝗的蝗蝻，雌虫有 6 个龄期，雄虫有 5 个龄期。成虫 7 月中、下旬羽化，8 月下旬进行交尾产卵，产卵末期延至 10 月底。短星翅蝗在山坡丘陵草地种群数量最大，属地栖性蝗虫，善跳跃、不善飞，平时以爬行活动为主，不远迁。适宜短星翅蝗生长发育的温度为 20～28℃。短星翅蝗尤其喜欢在有植物的地面活动，常与小车蝗等在山区混生。

短星翅蝗以变蒿、冷蒿、委陵菜等杂类草为食，也少量取食双齿葱、糙隐子草、大针茅、羊草，为害豆类（紫花苜蓿）、蔬菜、瓜类等农作物。短星翅蝗以成虫食害植物叶片，造成叶片缺刻。短星翅蝗严重发生时植物叶片被吃光，仅剩茎秆。

◆ **影响其发生的因素**

短星翅蝗越冬蝗卵孵化出土变为蝗蝻。蝗蝻对温度变化很敏感。大部分 1 ~ 3 龄蝗蝻生长所需温度为 2 ~ 19℃，最适温度为 10 ~ 15℃。低于 0℃，蝗蝻体液开始冻凝，导致死亡。随着气候变暖，蝗蝻至成虫期最低温度升高，越来越接近蝗蝻发育的最适温度，气温小于 2℃ 日数越少，地面最低温度达到 0℃ 以下的日数也越少，蝗蝻遭遇致死温度的威胁减小，给蝗灾的发生创造了有利条件。蝗虫不喜阴暗潮湿的环境，喜欢生活在植被覆盖率在 25% ~ 50% 的地区，在有丰富的食物和充足阳光的环境中生长发育快。

◆ **防治措施**

在蝗蝻 2 ~ 3 龄期进行防治，可显著提高防治效果。其中，微生物农药（绿僵菌、白僵菌等）、植物源农药（印楝素、苦参碱等）在蝗蝻中、低密度时防治效果较好，大发生时可采用杀灭菊酯、杀螟松、马拉硫磷等化学药剂进行应急防治。此外，恢复植被，增加植被盖度，提高植物多样性和丰富度，可减少蝗虫产卵的裸地，抑制蝗虫的产卵和繁殖，从而抑制蝗灾的发生。

红胫戟纹蝗

红胫戟纹蝗是昆虫纲直翅目网翅蝗科戟纹蝗属一种，为草地害虫。

◆ **地理分布**

红胫戟纹蝗在中国主要分布于新疆的塔城、和布克赛尔、托里、阿勒泰、布尔津、富蕴、伊宁、特克斯、青河、博乐、精河、沙湾、乌苏、玛纳斯、昌吉、乌鲁木齐、米泉、木垒、哈密、巴里坤、伊吾等地，在国外见于俄罗斯、高加索、哈萨克斯坦等地区。

◆ 形态特征

红胫戟纹蝗成虫雄性体长 16.0 ～ 20.0 毫米，前翅长 11.0 ～ 15.0 毫米；雌性体长 23.0 ～ 26.0 毫米，前翅长 13.0 ～ 16.0 毫米。体较粗短。颜顶角宽短，头顶在复眼之间的宽度约等于颜面隆起在触角之间宽度的 2 ～ 3 倍，颜面倾斜。触角丝状，细长。头侧窝宽短，梯形。前胸背板 3 条横沟均明显，都割断侧隆线，但仅后横沟割断中隆线，侧隆线在沟前区消失；前胸背板具有较宽的"X"形淡色条纹，在沟后区侧条纹的宽度约等于沟前区侧条纹宽度的 2 ～ 4 倍。后足股节的长度为其宽度的 3.3 ～ 3.6 倍，沿外侧下隆线处常有 5 ～ 7 个黑色小斑点。后足胫节红色。

红胫戟纹蝗卵囊呈长筒形，中间略弯，一般长 11.0 ～ 19.0 毫米。卵囊盖的两面呈内凹形，似小帽状。卵囊内没有泡沫物质，含卵 5 ～ 15 粒，一般 10 ～ 15 粒。卵粒长 4.0 ～ 5.0 毫米，呈土黄色，卵粒斜面排成不规则的 3 行，全部卵粒约占卵囊的 1/3 ～ 3/4。

红胫戟纹蝗蝗蝻雄性 4 龄，雌性 5 龄。1 龄蝗蝻翅芽不明显，前、后翅芽很小，外缘皆指向下方。2 龄蝗蝻前、后翅芽较明显，外缘略指向后下方。3 龄蝗蝻翅芽上可见翅脉，雄性的翅芽皆翻向腹部背面，但后翅芽仍未完全合拢，前翅芽明显可见；雌性的前翅芽小于后翅芽，皆明显指向后下方。4 龄蝗蝻雄性的翅芽上翅脉显著，色泽暗褐或黑褐色，翅芽在腹部背面完全合拢，并超过第 2 腹节；雌性的翅芽也翻向腹部背面合拢，但不超过第 2 腹节。5 龄蝗蝻雌性的翅芽已在腹部背面完全合拢并超过第 2 腹节，色泽加深，呈暗褐或黑褐色。

◆ **生活史与习性**

红胫戟纹蝗在新疆地区每年发生 1 代，以卵在土中越冬。其孵化及产卵随地点、环境及年份的不同有着较大的差异。一般年份最早孵化出现在 4 月中下旬或 5 月初，孵化盛期在 5 月上、中旬，孵化末期可到 5 月下旬。在一日中，以上午孵化量最多。成虫在一般情况下羽化 5 ～ 7 天后，即可进入交配盛期，交配后 5 ～ 14 天进行产卵。红胫戟纹蝗多选择在土质比较坚硬结实、植被稀疏的荒漠草原以及休闲麦地的田垄、田埂和路边的土壤产卵。雌虫产卵后当日或次日又可与雄性成虫进行交配。雌性产卵期最长可达 27 天，一般 15 天左右。雌虫一般产 1 ～ 4 个卵囊，每个卵囊含卵 5 ～ 15 粒。

红胫戟纹蝗蝗蝻喜跳跃。大龄蝗蝻一次可跳跃 80 ～ 100 厘米，无聚集习性。在一般晴天情况下，清晨与傍晚蝗蝻多栖息于植被草根附近；一日中以 10 ～ 12 时及 15 ～ 17 时比较活跃。当距地表 10 厘米的气温升高到 18℃ 时，蝗蝻开始取食。当地面温度达到 25 ～ 30℃ 时，蝗蝻普遍取食。当地面温度达到 34℃ 时，则多数蝗蝻在草间爬行取食或静止，或连续跳跃。

红胫戟纹蝗蝗蝻食性复杂，可取食伊犁蒿、冷蒿、薹草、针茅、羊茅、小麦、紫花苜蓿草、三棱草、角果藜等，嗜食角果藜等。红胫戟纹蝗在取食的同时，会造成大量枝叶、花蕾掉落，进而影响牧草开花结实，抑制草原的更新复壮。

◆ 天敌

红胫戟纹蝗的天敌主要有寄蝇、食虫虻、步甲、虎甲、黑蚁、蜘蛛、粉红椋鸟、螨、线虫、黄绿绿僵菌、蝗虫微孢子虫、红胫戟纹蝗痘病毒等。红胫戟纹蝗痘病毒自然流行率可达 23.3%。

毛足棒角蝗

毛足棒角蝗是昆虫纲直翅目槌角蝗科棒角蝗属一种。

◆ 地理分布

毛足棒角蝗分布于中国黑龙江、吉林、内蒙古、宁夏、青海、甘肃的张掖（民乐、山丹）、陕西、新疆，在国外见于蒙古、俄罗斯、朝鲜等国。

◆ 形态特征

毛足棒角蝗成虫通常黄褐色，偶见黄绿色。体长 13.4 ～ 21.0 毫米。头大而短，颜面倾斜，隆起的上端较窄，下端较宽，纵沟较低凹。雄虫触角顶端明显膨大呈锤形，雌性触角端部膨大较小。复眼卵形，中隆线和侧隆线明显，侧隆线在沟前区明显弯曲，前胸背板前缘平直，后缘弧形，后横沟在背板中后部穿过。前胸腹板前缘略隆起。前翅发达，顶端到达后足股节的顶端，缘前脉域不达翅中部，前缘脉域较宽，约为亚前缘脉域的 3 倍。中脉域最宽处几乎等于肘脉域的最宽处。后翅略短于前翅。雄性前足胫节稍膨大，底侧具有细长绒毛，后足股节外侧上膝片顶端圆形，胫节顶端无外端刺。卵粒直或略弯曲，两端部钝圆形，黄褐色，紧密排列在卵囊内。卵块一般分布在土壤的表层下 1.5 厘米左

右，且具柔韧、革质的卵囊外壳。蝗
蝻共 4 龄，体色黄褐色。1 ～ 4 龄蝗
蝻体长约为 6 毫米、7 毫米、10 毫米、
13 毫米。

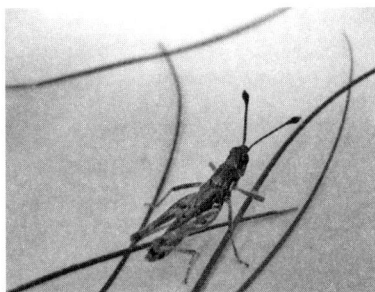

毛足棒角蝗雄成虫

◆ 生活史与习性

　　毛足棒角蝗每年发生 1 代，以卵
在土壤中越冬，越冬卵 4 月底至 5 月初开始孵化，5 月下旬大部分蝗蝻
进入 3 ～ 4 龄，6 月初开始羽化，中下旬大量羽化。7 月初到 7 月中旬
成虫交尾产卵。毛足棒角蝗产卵时间在上午 8:30 左右到 17:30 左右，集
中产卵时间为 13:00 ～ 16:00，产卵高峰在 14:00 左右。毛足棒角蝗喜欢
在含水量较低的土壤产卵，在土壤含水量为 4% 时，产卵量达到最高峰。

　　毛足棒角蝗在中国为草原重要的优势蝗虫。在轻度退化的草原，毛
足棒角蝗数量较大，发生期较早，可为害禾本科、藜科等植物。毛足棒
角蝗取食以禾本科植物为主，主要取食羊草，对冰草、冷蒿、早熟禾、
薹草、星毛委陵菜、乳白花黄芪等也比较喜食。毛足棒角蝗取食多种植
物及牧草，成虫和若虫咬食植物的叶片和茎，大发生时成群迁飞，可将
成片的农作物及牧草吃成光秆，或啃食本已稀少的草原植被，甚至啃食
近地表层的草根部，使植物失去来年再生的能力。

◆ 影响其发生的因素

　　随温度的升高，产卵蝗虫的数量增加，产卵高峰与温度的最高值相
吻合。地温对蝗虫产卵的影响比气温具有更重要、更直接的作用。毛足
棒角蝗高龄若虫到成虫在中光照下发育最快。毛足棒角蝗种群密度随放

牧强度的加剧逐渐增加，在重度放牧地达到最高，但在过度放牧地突然下降。

毛足棒角蝗为早期发生种、禾草 - 杂草取食者。硬度大、含水量低的土壤有利于其产卵。围栏后植被生物量增加，裸地减少使毛足棒角蝗的产卵量下降。

◆ **防治措施**

生态治理，治理蝗虫产卵地，重点改造荒滩、沟渠、堤坡等特殊环境，减少滋生地。当蝗虫种群密度发生量一般或较小时，可采用生物防治加以控制，可采用印楝素、烟碱、苦参碱等植物源农药或绿僵菌、白僵菌等真菌杀虫剂进行防治。抓住蝗虫防治适期，一般最佳适期是在 3 龄前；掌握防治指标，参考值 13 ~ 20 头 / 米 ^{2}；当蝗虫种群密度发生量很大时，应及时采用化学防治压低蝗虫虫口密度。常用的药剂有效氯氰菊酯、吡虫啉、马拉硫磷等。

西伯利亚蝗

西伯利亚蝗是昆虫纲直翅目槌角蝗科大足蝗属一种，为草原害虫。

◆ **地理分布**

西伯利亚蝗在中国主要分布在新疆、内蒙古、黑龙江、吉林等地，在国外见于俄罗斯西伯利亚、蒙古。

◆ **形态特征**

西伯利亚蝗成虫体形中等偏小，雄性体长 17.1 ~ 23.4 毫米，雌性体长 19 ~ 25 毫米。体暗褐色。体形匀称，头顶端较钝，颜面倾斜，头侧窝明显，呈狭长四方形。雌雄两性触角顶端明显膨大，尤以雄性更为明显，膨大呈槌状。雄性前胸背板明显地呈圆形隆起，中隆线呈弧形；雌性前胸背板较平坦；前胸背板侧隆线明显，在沟前区呈弧形弯曲。前翅到达或略超过后足股节的顶端，缘前脉域基部明显膨大，中脉域很宽，有整齐的横脉。雄性前足胫节特别膨大，近乎梨形，很容易区别。

西伯利亚蝗卵囊直或略弯曲；通常呈不规则长椭圆形；中部较粗，向两端渐细。卵囊长 8.0 ～ 16.0 毫米，宽 3.5 ～ 6.1 毫米，卵囊壁土质，由雌性产卵的分泌物黏上砂土而成，呈褐色或黑褐色，卵室较大，有卵 3 ～ 18 粒。

西伯利亚蝗蝗蝻 4 龄，体色常为暗灰色、黑褐色或绿色，其中 3 龄蝗蝻颜面隆起不明显，仅在中单眼处微下陷。雄性触角端部加粗。前胸背板侧隆线明显弯曲。前胸背板横沟切断中隆线并延伸至侧板。前翅芽刚到达第 1 腹节，后翅芽到达第 1 腹节的 3/4 处。雄性生殖板明显突出，呈圆锥形。雌性下产卵瓣紧靠上产卵瓣。

◆ **生活史与习性**

西伯利亚蝗在新疆每年发生 1 代，以卵在土中越冬。一般孵化盛期在 5 月上中旬，羽化盛期在 6 月上旬，产卵盛期在 6 月下旬，成虫交配后雄性常先于雌性死亡。蝗蝻各龄历期一般为：1 龄 13 天，2 龄 9 ～ 10 天，3 龄 7 ～ 8 天，4 龄 13 天。西伯利亚蝗成虫从交配至产卵需 6 ～ 14 天，产卵深度为 0.5 ～ 10 厘米。喜欢集中产卵，有时每平方米卵块可高达 400 个以上，产卵场所多在土质疏松、避风向阳、温度偏高而植被覆盖度较小的地方。

西伯利亚蝗蝗蝻在湖滨、沼泽附近和沟谷内虫口密度明显大于其他生境。蝗蝻喜欢聚集在温度较高的场所,气温高时,蝗蝻爬上植株叶茎取食,气温较低时,则在草丛根部静止不动。西伯利亚蝗易扩散迁移,蝗蝻初孵化时常呈小群的点状分布,2龄后开始扩散。羽化后,成虫常有较长距离的迁飞行为,其飞行高度为40~50米,有时高达100米以上,一次迁飞距离可达数百米,蝗虫的数量多为数百头至千头以上。

西伯利亚蝗的寄主植物主要为禾本科、莎草科、菊科、葱科、鸢尾科等,包括羊茅、针茅、针叶薹草、草地早熟禾、冰草、天山赖草、狐茅、牛毛草、紫花苜蓿草、细柄茅、三棱草、野葱、蒲公英、马蔺、小麦等。西伯利亚蝗取食为害可导致植物茎叶破损。西伯利亚蝗严重发生时,可将植物茎叶吃光。

◆ 防治措施

采用飞机、大型机械、背负式喷雾器喷药防治西伯利亚蝗。防治适期为蝗蝻3龄盛期,常用的药剂有菊酯类化学药剂、苦参碱和印楝素等植物源药剂,绿僵菌和微孢子虫等微生物制剂。在条件适宜的蝗害区采用牧鸡牧鸭和人工招引粉红椋鸟等天敌控制技术。

狭翅雏蝗

狭翅雏蝗是昆虫纲直翅目网翅蝗科雏蝗属一种,为草地害虫。

◆ 地理分布

狭翅雏蝗分布在中国青海、甘肃、内蒙古、河北、东北、山西、陕西、四川等地。

◆ **形态特征**

狭翅雏蝗成虫体黑褐色或黄褐色。前胸背板后横沟位于中部之后，侧隆线全长明显，呈角状弯曲。鼓膜孔呈狭缝状。后足股节内侧基部具黑色斜纹，胫节黄色或褐色。雄虫体长 10.7～11.9 毫米，前翅长 6.8～8.0 毫米，后足股节长 7.0～7.9 毫米。前翅较短，远不达后足股节的顶端，中脉域较宽，其宽度大于肘脉域宽度的 1.5～2 倍，近顶端较狭尖。后足股节内侧下隆线具音齿 102～108 个。雌虫体长 11.7～15.0 毫米，前翅长 5.7～7.1 毫米，后足股节长 7.5～9.8 毫米。前翅较短，刚到达后足股节之中部，中脉域较狭，其最宽处等于或略大于肘脉域最宽处。产卵瓣粗短，端部略呈钩状。

狭翅雏蝗卵囊呈圆柱形，顶端略凹，中部较细，略有弯曲，长 14.6～21.5 毫米，卵囊内泡沫状胶质部分为灰色，其长度较卵粒部分稍短。卵囊内有卵 8～14 粒，规则排列，卵粒大小为 4.0 毫米×0.9 毫米。

狭翅雏蝗蝗蝻多为 4 龄，少数 5 龄。1 龄蝻身体匀称，体长约 5 毫米，头顶不向下方侧斜，前胸背板侧隆线后段不甚扩大，翅芽不明显。3 龄蝗蝻翅芽向背部靠拢。4 龄蝗蝻体长雄性约为 10 毫米，雌性约为 12 毫米，头侧窝长方形，前胸背板中隆线平直，侧隆线明显向内弯曲，身体腹面具稀疏的褐色斑纹。

◆ **生活史与习性**

狭翅雏蝗每年发生 1 代，以卵在 1～3 厘米土中越冬。狭翅雏蝗 5 月上旬开始孵化出土，孵化盛期约在 6 月中旬至下旬。2 龄蝗蝻盛发于 7 月上旬到中旬，6 月下旬到 9 月下旬是 3～5 龄高龄蝗蝻发生时期。7

月下旬始见成虫，8 月上、中旬为羽化期，9 月上、中旬为产卵期。10 月中旬以后成虫大量死亡，至 11 月上旬已基本无成虫活动。整个蝗蝻期 55 ～ 76 天，成虫寿命 29 ～ 46 天，从孵化出土到成虫死亡平均经历 113 天。

狭翅雏蝗主要发生在植被稀疏的禾本科草地上，覆盖度低于 85% 的莎草草场也有少量分布。狭翅雏蝗对牧草的危害主要在高龄蝻及成虫期。狭翅雏蝗喜食植物有：禾本科的碱茅、针茅、早熟禾、扁穗冰草、垂穗披碱草、赖草、狐茅，莎草科的薹草，豆科的黄芪、苜蓿、三叶草、草木樨，菊科的蒲公英、紫苑、光沙蒿等。成、若虫取食为害可导致植物茎叶破损。狭翅雏蝗严重发生时，可将植物茎叶吃光。

◆ 影响其发生的因素

狭翅雏蝗全蝗蝻期发育起点温度为 9.41℃，在 21 ～ 35℃ 范围内能发育到成虫，低于 21℃ 或高于 35℃ 时，蝗蝻在 1 龄时死亡。在适温（25 ～ 30℃）范围内，土壤含水率较低（10.0%）时卵的孵化率较高，当温度低于 18℃ 和高于 35℃ 时，孵化率为零。狭翅雏蝗的捕食性天敌有鸟禽类、蜘蛛、蜥蜴、蛙类等；寄生性天敌有飞蝗黑卵蜂、寄生螨及蝗虫微孢子虫等病原微生物，它们对蝗虫有一定的控制作用。

◆ 防治措施

首先调查掌握各虫态发生数量和牧草被害情况等信息，根据各种类型草原蝗区的特点，参照历史监测资料，综合分析做出发生期、发生量预测。然后因地制宜地采取各种综合措施，改变蝗虫发生的适宜环境。如草原灌溉与施肥、建立人工草地种植多年生牧草、补播优良品种牧草、划区轮牧，合理利用草原，保护狭翅雏蝗的天敌，招引鸟禽类、蜘蛛等捕食蝗虫，从而不利于其发生。而蝗虫高发期时可采用化学农药防治，常用乐果、马拉松、稻丰散、敌敌畏、混合醇、二线油等制剂。

亚洲小车蝗

亚洲小车蝗是昆虫纲直翅目斑翅蝗科小车蝗属一种。

◆ 地理分布

亚洲小车蝗在中国主要分布于内蒙古、宁夏、甘肃、青海、河北、陕西、黑龙江、吉林和辽宁等省区，是中国北方草原和农牧交错带重要害虫，在国外见于俄罗斯、蒙古等国家。

◆ 形态特征

亚洲小车蝗雄虫较小，体长约 25 毫米，前翅长约 18 毫米；雌虫体长约 35 毫米，前翅长约 33 毫米。成虫褐色带绿色，有深褐色斑。头、胸及翅上的黑褐斑纹很鲜艳。最明显的特征是前胸背板中部明显缩狭，有明显的"X"形纹，图纹在沟前区与沟后区等宽。卵黄褐色，长 6～8 毫米，卵壳外有细小突起，其间隔有细线相连。蝗蝻有 5 个龄期，不同龄期翅芽发育有差异，其中 1 龄蝗蝻翅芽不明显，2 龄蝗蝻翅芽肉眼可见，明显长于背板侧缘，翅脉可见，翅芽指向后下方，3 龄蝗蝻翅芽翻转到背上，长达第

亚洲小车蝗成虫

1 腹节，4 龄蝗蝻翅芽长达第 3 腹节后缘，5 龄蝗蝻翅芽长达第 3 腹节后缘或第 4 腹节中部，长度约占腹部的一半。

◆ 生活史与习性

亚洲小车蝗每年发生 1 代，以卵在土壤中越冬。5 月中下旬越冬卵开始孵化，6 月中下旬为若虫 3 龄高峰期，第 5 次蜕皮后，7 月上中旬为成虫羽化盛期，7 月中下旬为成虫盛期，7 月下旬至 8 月上旬开始产卵。

亚洲小车蝗为地栖性蝗虫，适生于板结的砂质土，植被稀疏、地面裸露的向阳坡地和丘陵等地面温度较高的环境，有明显的向热性。每天中午为亚洲小车蝗的活动高峰，阴雨、大风天不活动。成虫有趋光性，且雌虫比雄虫强。在草场缺乏食料时，蝗蝻和成虫可集体向邻近的农田迁移为害。迁入农田为害时间的早晚与气象、牧草长势和虫口密度相关。高密度的蝗群常对农田造成毁灭性的为害。

亚洲小车蝗食性很杂，主要为害莜麦、小麦、玉米、豆类、蔬菜、人工播种牧草等多种作物。亚洲小车蝗严重为害时可导致受害作物减产 50% 以上，不仅造成牧草产量的损失，同时加重对草原和农田生态系统的破坏。

◆ 影响其发生的因素

亚洲小车蝗的发生和为害常与以下因素有关：①温湿度。一般上年冬雪大、当年早春降水多是蝗虫大发生的重要因素。因冬雪可在地面形成保温层，有利蝗卵越冬，提高冬后成活率。早春降水较多，利于蝗卵水分保持和胚胎的发育，尤其是 5 月上旬降水量多，对亚洲小车蝗发生有利，卵孵化期提早，孵化整齐，孵化率高，虫口密度大。②光周期。光周期对亚洲小车蝗的生殖和生长也具有一定影响。亚洲小车蝗高龄若虫到成虫的发育速度在中光照下最快，长光照更有利于亚洲小车蝗羽化。③草场退化。草场退化是草原直翅目昆虫大量发生的重要原因。亚洲小车蝗的分布与植物种类、草地盖度和生产力有关，在重度和过度放牧退化草原区域分布较多。退化草原（草场）植被稀疏，地表相对裸露，适宜亚洲小车蝗等多种地栖性蝗虫栖息生存，而蝗虫的猖獗为害又加重了草原的退化，由此形成恶性循环。④天敌。亚洲小车蝗有捕食性天敌虎甲、步甲、芫菁、蜘蛛等和寄生性天敌寄生蝇、寄生蜂等。捕食性天敌通过捕食虫蛹和成虫降低虫口数量，而寄生蜂和寄生蝇通过将卵产在寄主体内，消耗寄主能量从而杀灭成、若虫来降低虫口数量。

◆ 防治措施

化学防治是防治亚洲小车蝗的重要措施，但在消灭蝗虫的同时，也杀死了大量天敌，削弱了天敌制约蝗虫的作用。天敌的减少也是 20 世纪 90 年代以来蝗虫频繁成灾的重要因素，因此应注意保护利用天敌。绿僵菌真菌生物制剂、蝗虫微孢子虫均可用于亚洲小车蝗的防治，防治效果达 80% 以上。化学防治应抓住防治适期，在蝗蝻 3 龄期防治指标约为 5 ～ 15 头 / 米^2。其中，荒漠型草原考虑其生态价值，可降低防治指标，例如低于 5 头 / 米^2 即可进行防治。可选用菊酯类农药进行应急防治。

意大利蝗

意大利蝗是昆虫纲直翅目斑腿蝗科星翅蝗属一种。

◆ **地理分布**

意大利蝗是荒漠、半荒漠草原的重要害虫，具有很强的适应能力，广泛分布于欧洲大陆及中亚、东亚地区。意大利蝗在中国主要分布在新疆、甘肃等地，青海和陕西的部分地区也有分布。

◆ **形态特征**

意大利蝗成虫体形粗短。前胸背板中隆线较低，侧隆线明显，几乎平行，3条横沟均明显。前胸腹板在两前足基部之间具有近乎圆柱状的前胸腹板突。后足股节粗短，上隆线具有细齿，后足股节内侧玫瑰色或红色，常有2条不完全的黑色横纹，此横纹不到达后足股节内侧的底缘，后足胫节上侧和内侧红色。前、后翅均发达，前翅明显超过后足股节的顶端，后翅基部玫瑰色。

意大利蝗侧面观

意大利蝗卵黄褐色或土红色，长5～6毫米，直径约1.2毫米。卵粒表面具5～6边形的网状花纹，花纹隆起在彼此交接处具圆形瘤状小突起。

意大利蝗蝗蝻雄性5龄，雌性6龄。蝗蝻不同龄期可根据翅芽长短进行区分，其中1龄蝗蝻无翅芽；2龄蝗蝻前、后翅芽可见，未到达腹部第 1 节；3 龄蝗蝻翅芽到达腹部第 1 节，前翅芽较小，后翅芽较大，半圆形，翅尖指向后下方；4 龄蝗蝻前翅芽基部被前胸背板后缘掩盖着，后翅芽增大，前、后翅芽均向上翻，后翅芽将前翅芽掩盖；5 龄蝗蝻翅芽长，到达或超过腹部第 3 或第 4 节。前胸腹板突与外生殖器近似成虫。仅雌性具 6 龄，其体长比 5 龄长。

◆ 生活史与习性

意大利蝗每年发生 1 代，以卵在土中越冬。一般年份，卵孵化最早出现在 5 月上旬，5 月中下旬为孵化盛期，个别年份孵化末期可延迟至 6 月上、中旬。最早羽化期约在 6 月上旬，羽化盛期通常在 6 月中旬。产卵初期在 6 月下旬，盛期在 7 月上、中旬，产卵末期可延迟到 8 月。蝗蝻 1 龄期为 8～12 天，2 龄期为 6～15 天，3 龄期为 5～16 天，4 龄期 5～19 天，5 龄期为 15.47 天，6 龄期为 6.57 天。成虫寿命雌性 20～51 天，平均 35.5 天；雄性 33～54 天，平均 43.5 天。每年 5 月初，孵化出土的蝗蝻群聚在一起，形成一个数千米长、200～300 米宽的黑色条带，并有规律地朝着生长茂盛的农田或打草场推土式啃食、迁移。

意大利蝗产卵多在上午 10 时到下午 4 时之间，多选择在不太坚硬、碎石较多的裸露地段。蝗蝻有聚集、趋光、晒体的习性，常随太阳光线照射的角度不同而改变其聚集的位置。意大利蝗体彤较大、食量大、繁殖力强，在海拔 500～2000 米的各类草原都有发生。意大利蝗在高密度时具有明显的群居性和迁飞性，成虫的迁飞距离可达 200～300 千米。

意大利蝗为害的植物种类有 30 余种，主要喜食菊科的多种蒿类、藜科和禾本科植物，少食冷蒿、针叶薹草、羊茅等，偶食冰草和芨芨草。

由于意大利蝗分布广、数量大，因此严重影响农牧业生产的稳定发展。意大利蝗除取食与掉落毁损量造成牧草减产的短期作用外，在严重为害时可使牧草不能进入开花结种阶段，抑制草地更新复壮，使草地长期难以恢复，在荒漠、半荒漠草原尤为明显。

◆ **影响其发生的因素**

意大利蝗发育的起点温度是 15.52℃。意大利蝗产卵受地温影响，多集中在地温 25 ～ 30℃ 产卵，高峰期也多在 27℃。日光照度也会影响意大利蝗的产卵，意大利蝗产卵集中时间在下午 2 ～ 4 时，高峰期在下午 3 时。成虫在地面温度 20 ～ 30℃ 时活动最为活跃，40℃ 以上及阴雨条件下则栖息于草丛根部静止不动。

◆ **防治措施**

生物防治。珍珠鸡灭蝗效果显著，是生物治蝗的有效途径。珍珠鸡在蝗虫密度为 20.8 头 / 米² 的草场上放牧 60 天，周围 200 公顷的草场蝗虫密度能降至 0.84 头 / 米²，防治效果达 96.0%。

化学防治。化学药剂毒杀力强，见效快，能在短期内将害虫数量迅速压下去，制止大发生，而且使用起来比较方便，可以机械作业，是防治意大利蝗的重要手段和应急措施，适用于暴发性、大面积发生年份，能及时有效地控制蝗害。常采用甲维盐、菊酯类农药以大型机械喷药和飞机喷药防治。

蝼蛄

东方蝼蛄

东方蝼蛄是昆虫纲直翅目蝼蛄科蝼蛄属一种，为作物苗期地下害虫。

◆ **地理分布**

中国除新疆未见东方蝼蛄外，其余各省（区、市）均有分布。在国外，东方蝼蛄见于朝鲜、日本（北海道）、菲律宾、越南、老挝、泰国、缅甸、印度、斯里兰卡、马来西亚、新加坡、印度尼西亚、巴基斯坦、阿富汗、伊朗、伊拉克、以色列、欧洲（南部）、非洲（埃及、毛里求斯），以及巴布亚新几内亚、新西兰、澳大利亚、美国夏威夷等。

◆ **形态特征**

东方蝼蛄雄成虫体长 30 ～ 32 毫米，雌成虫体长 31 ～ 35 毫米。体淡灰褐色或灰淡黄色。头圆锥形，暗褐色。触角丝状，黄褐色。复眼红褐色，单眼 3 个。前足发达，腿节下缘较平直，后足胫节内侧具 3 ～ 4 根背刺。雄性生殖器粗壮，阳茎腹片向两侧延伸呈"M"状。卵椭圆形，孵化前长约 4.0 毫米，宽约 2.3 毫米，孵化前暗紫色。若虫有 8 ～ 9 龄，末龄若虫体长约 25 毫米，虫体为暗褐色，腹部浅黄色，翅芽长达第 3、4 腹节。

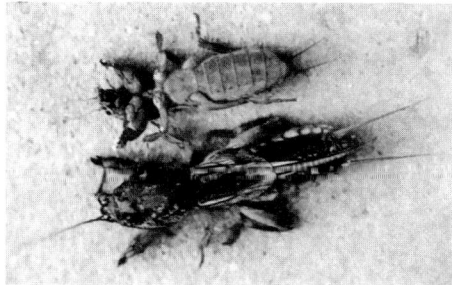

东方蝼蛄成虫

◆ 生活史与习性

东方蝼蛄在华中、长江流域及以南地区每年发生 1 代；在华北、东北、西北 1～2 年发生 1 代。东方蝼蛄一年中的活动规律与华北蝼蛄相似。在黄淮地区，越冬成虫 5 月开始产卵，6～7 月为盛期；卵期平均 15～17 天。若虫孵化后发育至 4～7 龄，在深土中越冬。翌年春季越冬幼虫恢复活动，为害至 8 月开始羽化为成虫，秋后以成虫越冬。

东方蝼蛄常与华北蝼蛄混合发生，食性广杂，为害多种旱地作物、果树及林木的幼苗。成虫、若虫咬食各种作物发芽种子和幼苗，取食幼根和嫩茎，造成严重缺苗断垄，甚至毁种重播。

◆ 防治措施

东方蝼蛄喜栖息沿河、沟渠、近湖等低湿地区，在轻盐碱地、腐殖质多的壤土和沙壤地里发生、为害严重。成虫具有强烈的趋光性、趋化性和"跑湿不跑干"的行为特性。利用这些行为特性采用黑光灯、毒饵诱杀成虫，防治效果显著。水旱轮作，结合深耕细耙的农业措施，可以明显减少虫源基数。可采用辛硫磷、毒死蜱等农药进行化学防治，具有90% 以上的防治效果。

华北蝼蛄

华北蝼蛄是昆虫纲直翅目蝼蛄科蝼蛄属一种，为作物苗期地下害虫。

◆ 地理分布

华北蝼蛄在中国主要分布于北纬 32° 以北地区，发生区遍及东北、华北和西北等地；北起黑龙江（肇源）、内蒙古，南至上海、浙江慈溪、安徽宣城、湖北阳新，东接国境线，西自甘肃西延，直达新疆西陲（乌鲁木齐、喀什、疏附）；在国外见于俄罗斯（西伯利亚）、中亚、土耳其等。

◆ **形态特征**

华北蝼蛄雄成虫体长 39 ～ 45 毫米，头宽约 5.5 毫米；雌成虫体长 45 ～ 66 毫米，头宽约 9 毫米。体黄褐色。头部暗褐色，头中央有 3 个单眼，触角鞭状。前足发达，弯曲呈"S"形；后足胫节内侧仅有 1 个背刺。雄性阳茎腹片末端分叉，整体呈"W"状。卵椭圆形，长 1.6 ～ 1.8 毫米，宽 1.3 ～ 1.4 毫米，黄褐色。若虫体长约 41.2 毫米，虫体黄褐色，头部淡黑色，体形与成虫相仿，仅有翅芽。

华北蝼蛄成虫

◆ **生活史与习性**

华北蝼蛄约 3 年完成 1 代。在华北地区，越冬成虫交配时期大多开始于 5 月上旬，6 ～ 7 月为产卵盛期；成虫交配产卵后，大部分当年死亡。若虫孵化后取食为害，到秋季达 8 ～ 9 龄时入土越冬。越冬若虫翌年 4 月上、中旬开始活动，当年秋季以 12 ～ 13 龄若虫越冬。第三年 8 月上、中旬老熟若虫羽化为成虫，秋后以成虫越冬。

影响华北蝼蛄活动的主要因素有温度和湿度。土温为 16 ～ 20℃、土壤含水量 22% ～ 27%，有利于华北蝼蛄活动。另外，华北蝼蛄喜欢在轻盐碱地、腐殖质多的壤土和沙壤地里产卵。

华北蝼蛄主要为害麦类、棉花、豆类、甘薯等多种旱地作物和林果苗木，常造成缺苗断垄。华北蝼蛄严重发生时，作物产量损失率可达30% 以上，甚至绝收。

◆ 防治措施

深耕细耙可以明显减少虫源基数和为害。进行水旱轮作也是一种防治华北蝼蛄效果良好的农业措施。利用黑光灯、毒饵诱杀成虫。注意保护利用天敌。可采用药剂浸种、拌种，施用种衣剂，撒施毒土，浇灌药液等方法进行化学防治，其中辛硫磷、毒死蜱等微囊悬浮剂对蝼蛄具有90% 以上的防治效果。

蚜

大豆蚜

大豆蚜是昆虫纲半翅目蚜科蚜属一种。

◆ 地理分布

大豆蚜原始发生地为亚洲东部和东南部地区。2000 年后，大豆蚜入侵至北美洲和大洋洲。

◆ 形态特征

大豆蚜无翅孤雌蚜体长约 1.60 毫米，体宽约 0.86 毫米，长卵形。体表光滑，黄绿色。复眼黑色。腹管长圆锥形，端部窄、基部宽，黑色。尾片圆锥形，近中部收缩，上具长毛 7 ～ 10 根。有翅孤雌蚜头胸部黑色、腹部黄绿色，腹管后方具黑色斑纹。秋季，出现性母蚜、雄蚜及雌蚜。性母蚜和雄蚜形态特征类似有翅孤雌蚜，雄蚜腹末可见外生殖器；雌蚜特征类似无翅孤雌蚜，但体色为深绿色。受精卵多产于冬寄主枝条芽腋或缝隙间。若蚜共 4 龄，各龄若蚜形似成蚜。

大豆蚜成蚜

◆ 生活史与习性

在中国东北地区，大豆蚜发生为害较重。6 月为大豆蚜的田间始发期，7 ~ 8 月为猖獗为害期，常出现种群数量峰值。9 月为田间消亡期，至 10 月初大豆蚜于田间全部消失。温度、湿度和降雨等因素，均能影响田间大豆蚜发生数量。其中，降雨影响较大。降雨后，大豆蚜田间种群数量急剧下降。天敌昆虫对控制田间大豆蚜发生也具有一定作用。

大豆蚜冬寄主植物为鼠李，夏寄主为大豆和野生大豆，也可取食白车轴草和萝藦。大豆蚜常以成蚜和若蚜集中在大豆植株的顶叶、嫩叶和嫩茎上进行刺吸为害，严重发生时可布满茎叶，也可侵害嫩荚。受害大豆常表现为叶片皱缩、节间缩短及植株矮化等症状，常对大豆产量和品质造成严重为害。

◆ 防治措施

应遵循早期防治、合理施药和保护天敌的原则，在做好预测预报的基础上进行综合防治。大豆蚜发生盛期，可采用吡虫啉、溴氟菊酯等种类药剂喷雾防治。

甘蓝蚜

甘蓝蚜是昆虫纲半翅目蚜科短棒蚜属一种，为十字花科蔬菜害虫，又称菜蚜。

◆ 地理分布

甘蓝蚜是世界性重要蔬菜害虫，分布于中国、朝鲜、日本、叙利亚、伊拉克、土耳其、黎巴嫩、塞浦路斯、埃及、欧洲、大洋洲、北美洲、南美洲等。甘蓝蚜在国外主要分布于高纬度地区，在中国分布遍及各省（区、市）。

◆ 形态特征

甘蓝蚜有翅胎生雌成蚜体长 1.8 ～ 2.4 毫米，宽 0.8 ～ 1.1 毫米；头、胸部黑色，腹部黄绿色；有数条不明显的暗绿色横带，两侧各有 5 个黑点，全身覆有明显的白色蜡粉；无额瘤；腹管很短，远比触角第五节短，中部稍膨大。无翅胎生雌成蚜体长 2.0 ～ 2.5 毫米，宽 1.0 ～ 1.3 毫米；黄绿色至暗绿色；被白色蜡粉；复眼黑色；无额瘤；腹管短圆管状，基部收缩，中部膨大，端部收缩；尾片有毛 6 ～ 7 根，尾板有毛 9 ～ 16 根。无翅孤雌蚜体长 1.9 ～ 2.3 毫米，宽 1.0 ～ 1.2 毫米；头背黑色，中缝隐约可见；胸节有缘斑，中侧斑断续；缘瘤不显；体表光滑，前头部微有曲纹；腹管圆筒形，基部收缩，为尾片的 0.9 倍；尾片近等边三角形，有毛 7 ～ 8 根。

◆ 生活史与习性

甘蓝蚜发生世代因中国各地气候条件差异而不同，在华北地区年发生 10 余代。甘蓝蚜为害严重地区主要集中在东北和西北以及高海拔地区，夏季和初秋是该虫的发生高峰期。9月下旬至10月部分甘蓝蚜个体陆续产生性蚜，交配后产卵越冬，部分个体在温室、大棚内继续为害越冬。越冬卵翌年4月孵化，甘蓝蚜在越冬寄主上繁殖数代后，产生有翅蚜迁飞至侨居寄主为害。在春末夏初和秋季各有1个甘蓝蚜发生高峰，秋季为害最严重。

甘蓝蚜主要为害甘蓝、卷心菜、花椰菜、芜菁、白菜、萝卜、油菜、荠菜、野萝卜和紫罗兰等十字花科植物，偏爱甘蓝型蔬菜。甘蓝蚜常在叶、嫩茎、花梗、嫩荚等部位为害；被取食后的甘蓝叶片局部失去绿色，形成数个或多个白斑，甚至白斑连片，导致整个叶片卷曲变形，影响蔬菜的生长发育和产品品质。榨油用油菜秋苗有100头/株以上甘蓝蚜时，可减产20%～30%，春季花期受害则颗粒无收。甘蓝蚜是植物病毒病的传播载体，可传播20多种十字花科植物病毒病，尤其对芜菁花叶病毒是最有效的传播者之一。

◆ **影响其发生的因素**

甘蓝蚜发育起点为4.3℃，有效积温为112.6℃·日，最适发育温度为20～25℃，最适产仔温度为15℃～17℃，低于14℃或高于18℃均趋减少。当温度达30℃时、湿度超过80%时对甘蓝蚜种群有抑制作用。

甘蓝蚜的捕食性天敌有瓢虫类、食蚜蝇类、食蚜瘿蚊、草蛉类、蝽象类、蜘蛛类等。甘蓝蚜的寄生性天敌有蚜茧蜂类、小蜂类等。寄生菌类有蚜霉菌、轮枝菌等百余种。这些自然天敌对甘蓝蚜的种群增殖依据不同地区、不同环境、不同寄主、不同设施都有控制作用。保护和利用好天敌控制甘蓝蚜的种群增长是重要的防治措施。

◆ **防治措施**

主要采用黄皿诱蚜法来监测甘蓝蚜发生期和发生量的变化。防治上可合理安排茬口，选用抗虫品种，清洁田园和消灭越冬虫源；设置防虫网避蚜，黄板诱杀有翅蚜和高温闷棚灭蚜；在蚜虫初发期释放异色瓢虫或食蚜瘿蚊，也可选用植物源农药清源保、藜芦碱、苦参碱、川楝素、除虫菊素喷雾进行生物防治；在蚜虫发生期均可用化学农药阿维菌素、甲氨基阿维菌素苯甲酸盐、浏阳霉素、吡虫啉、啶虫脒、氯氟氰菊酯、抗蚜威等进行化学防治。

甘蔗粉角蚜

甘蔗粉角蚜是昆虫纲半翅目蚜科粉角蚜属的一种。

◆ **地理分布**

甘蔗粉角蚜在中国主要分布于福建、广东、广西、云南、台湾等地，在国外分布于日本、越南、印度尼西亚、菲律宾等国家和地区。

◆ **形态特征**

甘蔗粉角蚜体长 1.9～2.4 毫米。头部与前胸愈合，中额两侧各有1 个小额角。无翅孤雌蚜触角 5 节，复眼由 3 个小眼面组成。腹管短筒状。尾片瘤状。有翅孤雌蚜触角 5 节，第 3 到第 5 节分别有环形次生感觉圈 20～22 个、5～8 个、4～7 个。前翅中脉分为 2 叉，后翅有2 根斜脉，静止时翅平叠于背面。卵圆形，被厚蜡粉或有蜡丝。

◆ **生活史与习性**

甘蔗粉角蚜全年孤雌胎生繁殖，每年最多可发生 20 代，在中国以

6 ～ 9 月为害严重。

甘蔗粉角蚜是甘蔗的重要害虫，在叶反面沿中脉两侧群集为害，使叶片变色，并因蜜露引起霉菌繁殖而影响光合作用，被害甘蔗生长受阻碍，含糖量减少。甘蔗粉角蚜的寄主植物有甘蔗、芒、日本芒等。

◆ **防治措施**

检查消灭田间蚜虫发生中心，减少越冬虫源；合理安排不同植期蔗地，减少混作；栽培抗虫新品种；加强田间管理；采取乐果涂茎和药剂喷雾的方法防治；保护利用天敌，可有效抑制蚜虫的发生；利用相思树、水黄皮和木本牵牛等植物的提取物防治，效果较好。

高粱蚜

高粱蚜是昆虫纲半翅目蚜科色蚜属的一种。

◆ **地理分布**

高粱蚜在亚洲、大洋洲、南非和美洲广泛分布。

◆ **形态特征**

高粱蚜无翅孤雌蚜体长 1.8 毫米。活体黄色，体表光滑。腹部第 8 节背片有中横带。有时后胸背板、腹部第 7 节和其他节背片有斑或带。喙端部不达中足基节，末节长为后足第 2 跗节的 0.85 倍。腹管短圆筒形，长为尾片的 0.82 倍。尾片有毛 8 ～ 16 根。有翅孤雌蚜腹部第 1 到第 4 节和第 7 节有缘斑，第 1 到第 8 节背片各有横带，有时中断。触角第 3 节有环状次生感觉圈 8 ～ 13 个，排成不整齐的一行，有 1 个或 2 个位于行外。翅脉粗黑。

◆ **生活史与习性**

高粱蚜以受精卵在荻草基部和叶鞘与基杆的缝隙间越冬。春季高粱蚜在荻草上进行孤雌生殖，第3代为有翅迁移蚜，向高粱幼苗迁飞，在7月上旬以前只在幼苗基部少数小叶片上繁殖为害，数量不多。7月中旬以后再次发生有翅蚜迁飞扩散，遍及全株，8月上旬前后达到为害的高峰。秋末发生有翅性母蚜和有翅雄性蚜向荻草回迁。雌、雄性蚜交配后产卵越冬。

高粱蚜是中国北方高粱产区的大害虫，在东北、内蒙古、山西、山东、河北等地常暴发成灾。高粱蚜的寄主植物为荻草、高粱、甘蔗，常群集于寄主植物叶片背面，严重时使叶片变红，茎秆弯曲，不能抽穗。高粱蚜可传播粟红叶病毒。

◆ **防治措施**

轮作倒茬，提前筛选和处理种子，定期除草；黄板诱杀蚜虫；利用瓢虫、食蚜蝇等天敌昆虫进行生物防治；适量喷施新高脂膜、福戈、康宽等化学药剂进行防控。

禾谷缢管蚜

禾谷缢管蚜是昆虫纲半翅目蚜科缢管蚜属一种，为作物害虫。

◆ **地理分布**

禾谷缢管蚜广泛分布于亚洲（中国）、北美洲（美国）、南美洲（阿根廷）、欧洲（英国、法国、爱尔兰、德国、丹麦、挪威、瑞典）、大洋洲（澳大利亚、新西兰）等地。禾谷缢管蚜在中国的华北、东北、华东、华南、西南、西北等多个省、区、市均有分布。

◆ 形态特征

禾谷缢管蚜无翅孤雌蚜体宽卵形,体长约 1.9 毫米,体宽约 1.1 毫米。活体橄榄绿色至黑绿色,杂以黄绿色纹,常被薄粉。腹管基部周围常有淡褐色或锈色斑,腹部后部体表可见到小脂肪球样结构。有翅孤雌蚜体长卵形,体长约 2.1 毫米,体宽约 1.1 毫米。活体头部、胸部黑色,腹部绿色至深绿色。

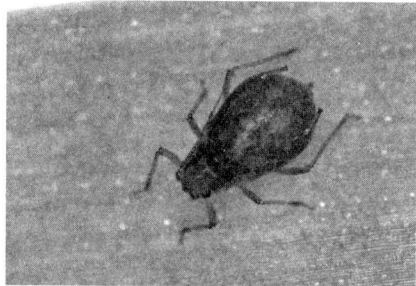

禾谷缢管蚜无翅蚜

◆ 生活史与习性

禾谷缢管蚜喜温畏光,嗜食茎秆、叶鞘,多分布于植物下部的叶鞘、叶背,甚至根茎部。在中国,禾谷缢管蚜生活周期存在全生活周期型与不全生活周期型,从北到南 1 年发生 10 ~ 20 代。在北方寒冷地区,禾谷缢管蚜为异寄主全周期型,春、夏均在禾本科植物上生活,以孤雌胎生的方式进行繁殖;秋末,在桃、杏、李等木本植物上产生性蚜,交尾产卵,以卵越冬;翌年春季,卵孵化为干母,干母产生干雌,然后形成有翅蚜,由原生寄主转移到麦类作物和禾本科杂草上。越冬卵的孵化起点温度为 4℃ 左右。在南方温暖地区,禾谷缢管蚜可全年行孤雌生殖,不发生性蚜世代,以胎生雌蚜的成、若虫越冬,表现为不全生活周期型。禾谷缢管蚜一般于 3 月上旬开始活动,在小麦上繁殖数代。在小麦黄熟期,迁至春播玉米、高粱等早秋作物及禾本科杂草上,而后又为害夏播玉米。秋季小麦出苗后,又回迁到小麦上为害。

禾谷缢管蚜的原生寄主为杏、桃、榆叶梅、稠李、李、山荆子、山里红和梨树等；次生寄主为玉米、高粱、小麦、大麦、燕麦、黑麦、雀麦、水稻、狗牙根、马唐、羊茅、黑麦草、芦竹、三毛草、香蒲、高莎草等禾本科、莎草科和香蒲科植物，此外其寄主还有藿香蓟、灯台树、大丽花、胡桃、萝藦、芦苇、玫瑰、白芥、榆等。寄主植物被禾谷缢管蚜取食后，会出现叶片弯曲皱缩、萎蔫等症状，禾谷缢管蚜分泌的蜜露可引起霉菌病（如霉污病）的发生，进而使叶片的生理机能发生障碍。禾谷缢管蚜严重发生时，小麦产量的损失可达 20% 左右。

◆ 影响其发生的因素

禾谷缢管蚜的发生与为害常与以下因素有关。

温湿度。禾谷缢管蚜一般在 5 日均温 8℃ 左右开始活动，以 18 ~ 24℃ 最适；禾谷缢管蚜无翅型全若虫期的发育起点温度约为 1.76℃，有翅型全若虫期的发育起点温度约为 0.43℃。禾谷缢管蚜可耐高温，若蚜在 30℃ 仍可正常发育，1 月份月均温低于 -2℃ 的地区，成、若蚜均不能越冬。禾谷缢管蚜喜湿，不耐干旱，年降水量少于 250 毫米的地区不利于其发生，最适湿度为 68% ~ 80%，在高温高湿的季节发生严重。

寄主选择。小麦是禾谷缢管蚜的主要寄主。小麦品种不同，自身物理和生化特性不同，禾谷缢管蚜发生程度也不相同。小麦某些营养成分也可使蚜虫取食后因营养不良而不能正常发育或饿死；另外，小麦挥发性次生物质对禾谷缢管蚜具有趋避的作用。

天敌。自然界中禾谷缢管蚜的天敌主要有瓢虫、食蚜蝇、草岭、蚜茧蜂、螨和蜘蛛等。天敌对禾谷缢管蚜的控制作用，除取决于天敌的最高食蚜量或寄生蚜量外，还与禾谷缢管蚜的密度有关。当天敌单位与禾谷缢管蚜密度比达到平衡时（约 1 ∶ 370 ～ 1 ∶ 300），天敌与禾谷缢管蚜之间的相互作用比较稳定，种群波动较小，可以较好地控制禾谷缢管蚜的种群密度。

◆ 防治措施

基于禾谷缢管蚜种群监测数据、天敌种类与数量、气象信息等资料，根据多元回归统计建立预测式，通过与往年情况进行对比分析，预测禾谷缢管蚜的发生程度。另外，鉴于小麦蚜虫都具有随气流进行远距离迁飞为害的特性，中国在小麦主产地河南省建立了用于监测麦蚜迁飞规律的吸虫塔网络，结合田间调查数据，以期做到对外来禾谷缢管蚜种群迁入的预测预报，为开展精准防治提供支撑。

防治禾谷缢管蚜，要做到早发现、早防治，降低其起始种群密度。选育和推广小麦抗蚜品种，加强田间管理，清除田间杂草和自生麦苗。合理施用氮肥，避免贪青。在发生程度轻的地区，改进施药技术，科学施药，减少化学农药的使用量，保护天敌资源，充分发挥天敌的控制作用。在小麦扬花灌浆期，禾谷缢管蚜为主的百株蚜量达到 4000 头以上时应及时开展化学防治，化学农药应选择高效低毒品种，如吡虫啉、噻虫嗪等。

核桃黑斑蚜

核桃黑斑蚜是昆虫纲半翅目蚜科黑斑蚜属的一种。

◆ **地理分布**

核桃黑斑蚜分布于亚洲、欧洲、非洲，已传入北美洲。

◆ **形态特征**

核桃黑斑蚜有翅孤雌蚜体长 1.90 毫米。活体淡黄色。触角 6 节，第 5 节端半部和第 6 节有横瓦纹，长为体长的 0.35 倍；第 3 节有卵圆形次生感觉圈 5 个，分布于全节。喙粗短，端部不达中足基节；末节长为后足第 2 跗节的 0.75 倍。翅脉淡色，径分脉仅端部清晰，中脉和肘脉基部镶色边。腹管短筒状，长为尾片的 0.60 倍。尾片瘤状，有毛 16 根。尾板分裂为两叶。有翅雄性蚜触角第 3 到第 6 节分别有次生感觉圈 22 ～ 24 个、8 ～ 10 个、5 个、3 个。

◆ **生活史与习性**

核桃黑斑蚜在中国北方地区以卵在核桃枝条上越冬，次年 4 月上、中旬孵化为干母，从 4 月底至 9 月初均为有翅孤雌蚜，共发生 12 ～ 14 代，9 月中旬出现大量无翅雌性蚜和有翅雄性蚜。雌性蚜数量多于雄性蚜，雌、雄性蚜交配后，每只雌性蚜可产卵 7 ～ 21 个，常产于树皮粗糙、多缝隙处，如枝条基部、小枝分叉处，节间、叶片脱落的叶痕等处。

核桃黑斑蚜是核桃的常见害虫，在叶片背面为害。

◆ **防治措施**

剪除虫枝，减少虫源；喷施新烟碱类、菊酯类、有机磷类等杀虫剂或昆虫生长调节剂类以及阿维菌素等生物农药；保护和繁殖以瓢虫和草蛉为主的天敌昆虫。

角倍蚜

角倍蚜是昆虫纲半翅目蚜科倍蚜属的一种，为医药、染料、制革、化工、石油、冶炼等工业行业的重要原料和试剂。

◆ **地理分布**

角倍蚜分布于东亚，主产中国，日本、朝鲜较少。角倍蚜在中国以贵州、湖南、四川、湖北四省毗邻处为主产区，其他如陕西、河南、云南、广西、江西、安徽、广东、福建、浙江等地均有分布。

◆ **形态特征**

角倍蚜秋季迁移蚜体长 1.57 毫米。触角 5 节，长 0.64 毫米，第 3 到第 5 节有不完整环形感觉圈，分别为 18 ～ 23 个、8 或 9 个、13 ～ 15 个。前翅长 2.65 毫米，有镰刀形翅痣。

◆ **生活史特征**

角倍蚜每年发生 6 个世代，无休眠阶段。在中国浙江山区，每年 3 月下旬到 4 月中旬，在次生寄主提灯藓上的越冬若蚜羽化为春季迁移蚜（即性母），回迁到原生寄主盐肤木上产出 5 ～ 7 只无翅雌、雄性蚜，4 ～ 8 天后交配，雌性蚜约在 4 月底至 5 月初产出干母 1 头。干母爬至复叶翅叶取食，约 1 周后形成虫瘿（俗称五倍子）。至 10 月五倍子成熟时，1 个中型五倍子内有秋季迁移蚜 5000 ～ 6000 头，虫瘿开裂后迁飞到提灯藓，各产若蚜 20 ～ 30 头。若蚜在苔藓嫩茎或根部取食，体表分泌白色蜡丝，至翌年春天羽化为春季迁移蚜。

居竹伪角蚜

居竹伪角蚜是昆虫纲半翅目蚜科伪角蚜属的一种。

◆ **地理分布**

居竹伪角蚜主要分布于中国南部、日本、印度尼西亚。

◆ **形态特征**

居竹伪角蚜无翅孤雌蚜体长 2.64 毫米。活体褐色，有白色蜡粉。头部与前胸愈合。体表粗糙，头胸背面有粗刻突，腹部中、缘斑上有细刻纹，无斑处光滑。头顶有额角 1 对，呈圆锥状，各有短毛 10 或 11 根。触角 4 节，有皱纹，长为体长的 0.16 倍。喙粗短，端部不达中足基节，末节盾状，长为后足第 2 跗节的 0.63 倍。腹管位于黑色有毛圆锥体上，有皱曲纹，基宽为尾片长的 2.30 倍，有毛 8～10 根。尾片宽瘤状，有微刺突组成横纹，有长短毛 13～18 根。尾板分裂为 2 片，有毛 24～30 根。有翅孤雌蚜触角第 1、2 节粗糙，第 3 到第 5 节次生感觉圈间有密集的小刺突瓦纹。触角 5 节，长为体长的 0.41 倍；第 3 到第 5 节分别有半环形次生感觉圈 35～43 个、15～18 个及 13～14 个。前翅中脉 1 次分叉，两肘脉基部相连；后翅有 2 斜脉。喙较短，端部达中足基节，末节楔状。

◆ **生活史与习性**

在夏季由干母在原生寄主上产生的虫瘿成熟后在顶端开口，有翅迁移蚜可迁飞至竹类寄主营孤雌生殖，冬季性母蚜回迁至原生寄主。

居竹伪角蚜的原生寄主为安息香属植物，次生寄主主要有毛竹、甜竹、圆竹、黄竹、金丝竹等禾本科竹类植物。居竹伪角蚜在安息香上形成一束有柄虫瘿，在竹类植物叶片、嫩枝、嫩茎上大量寄生，甚至诱发霉菌。

◆ 防治措施

加强竹园养护管理，提高植株的抗性，减少越冬虫量；保护草蛉、瓢虫、食蚜蝇等天敌；可适量喷施吡虫啉、吡蚜酮、杀灭菊酯乳油等化学药剂。

萝卜蚜

萝卜蚜是昆虫纲半翅目蚜科十蚜属一种，为十字花科蔬菜害虫，又称菜缢管蚜、菜蚜。

◆ 地理分布

萝卜蚜在中国的各省（区、市）均有分布。萝卜蚜在朝鲜、日本、印度尼西亚、印度、伊拉克、以色列、埃及、非洲东部、美国等地亦有分布。

◆ 形态特征

萝卜蚜有翅胎生雌成蚜体长 1.6～2.4 毫米，宽 0.9～1.2 毫米；头、胸部黑色，腹部黄绿至深绿色；第 2 节背面各有 1 条淡黑色横带（有时不明显）；额瘤不明

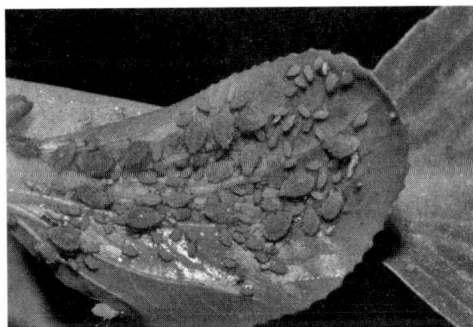

萝卜蚜

显；腹管较短，暗绿，中后部稍膨大，末端稍缢缩，腹管后有两条淡黑色横带，腹管前侧各有 1 个黑斑。无翅胎生孤雌蚜卵圆形，体长 1.8 ～ 2.4 毫米，宽 1.0 ～ 1.3 毫米；体灰绿至黑绿色，被薄粉；头部稍有骨化，中额明显隆起，额瘤微隆外倾；腹管长筒形；田间活体胸部及腹部背面两侧各节各有 1 条长方形的浅褐色斑，各节两侧近侧缘处各有 1 个近圆形斑；卵长椭圆形，初产时淡褐色，渐变为黑色。

◆ **生活史与习性**

萝卜蚜 1 年发生 10 ～ 45 代。萝卜蚜在长江以南各省可周年繁殖为害，在华北地区露地从 4 月至 10 月均可繁殖，其中以春末至夏季、秋季为害重，至 10 月部分个体陆续产生性蚜，交尾产卵越冬；部分进入保护地后还可繁殖为害 2 ～ 3 代，11 月后逐渐产生性蚜，交尾后产卵于原寄主植物叶片的背面越冬。早春发生的萝卜蚜来源有：①保护地蔬菜外迁。②越冬根茬风障油菜，野生荠菜上迁飞。③越冬卵孵化。

萝卜蚜的寄主植物主要有油菜、白菜、萝卜、芥菜、青菜、芜菁、荠菜、水田芥菜、甘蓝、花椰菜，偏爱芥菜型油菜和白菜。萝卜蚜喜在叶背面及嫩梢、嫩叶为害，使节间变短、弯曲，幼叶向下畸形卷缩，植株矮化，叶面褪色、变黄；严重者致使白菜、甘蓝不能包心或结球，油料和中草药不能正常抽薹、开花和结籽。萝卜蚜还可传播病毒病，严重影响作物生长。

◆ **影响其发生的因素**

萝卜蚜发育起点温度为 4.91℃，发育最适温度为 16 ～ 23℃。当温度在 20 ～ 30℃ 时，萝卜蚜数量快速增加，当温度低于 5℃ 时，数量增长缓慢，高于 30℃ 时，种群数量会迅速下降。湿度过高会导致蚜霉菌的发生，短光照将导致蚜虫滞育，因此，湿度高、短光照可抑制蚜虫种群数量。

◆ **防治措施**

主要采用黄皿诱蚜法，监测萝卜蚜发生期和发生量的变化。防治上应合理安排茬口，选用抗虫品种，清洁田园和消灭越冬虫源；防虫网栽培避虫，黄板诱杀成虫和高温闷棚灭虫。萝卜蚜的天敌昆虫很多，捕食性的天敌有瓢虫、食蚜蝇、食蚜瘿蚊、草蛉、蜡象、蜘蛛等；寄生性的天敌有蚜茧蜂、蚜小蜂；寄生菌有蚜霉菌、轮枝菌等。这些天敌对萝卜蚜起着重要的控制作用。在蚜虫初发期释放异色瓢虫或食蚜瘿蚊，也可选用植物源农药清源保、藜芦碱、苦参碱、川楝素和除虫菊素喷雾进行生物防治；用化学农药阿维菌素、甲氨基阿维菌素苯甲酸盐、浏阳霉素、吡虫啉、啶虫脒、氯氟氰菊酯、抗蚜威等进行化学防治。

桃　蚜

桃蚜是昆虫纲半翅目蚜科瘤蚜属的一种。

◆ **地理分布**

桃蚜在世界上广泛分布。

◆ **形态特征**

桃蚜无翅孤雌蚜体长 2.2 毫米。活体呈淡黄绿色、乳白色、赭赤色，体表有横皱或微刺网纹。触角长为体长的 0.8 倍。喙末节约与后足第 2 跗节等长。腹管圆筒形，稍长于触角第 3 节。尾片有毛 6 或 7 根。有翅孤雌蚜腹部第 1 到第 2 节背片有小横斑或窄横带，第 3 到第 6 节有 1 个背中大斑，第 7 到第 8 节背片各有横带，第 2 到第 4 节各有 1 对有缘瘤的缘斑，第 7 到第 8 节各有小背中瘤。触角第 3 节有小圆形次生感觉圈 9～11 个，排成 1 行。

◆ 生活史与习性

桃蚜在中国北方以受精卵在桃树枝条上越冬，在风障植物、菜窖、温室植物上，或在中国南方，以成虫和若蚜越冬。桃蚜每年可孤雌胎生 20 余代，多数世代无翅，每年发生有翅蚜 4 或 5 代。春季有翅蚜从原生寄主桃树迁飞到次生寄主烟草和蔬菜等植物上，夏季发生 2 或 3 代有翅蚜，在烟草和蔬菜等植物间扩散，秋末发生的有翅雌性母和雄性蚜回迁至桃树后，雌、雄性蚜交配产卵越冬。

桃蚜为多食性昆虫，常见寄主有蔷薇科、十字花科、茄科、锦葵科、旋花科、葫芦科、藜科等科的数百种植物。桃蚜是桃、烟草、油菜、芝麻、十字花科蔬菜、中草药和温室植物的大害虫。桃蚜常造成作物卷叶和减产，可传播马铃薯卷叶病和甜菜黄花网病等上百种植物病毒病。

◆ 防治措施

清除虫源植物；黄板诱蚜，银膜避蚜；选用新烟碱类、菊酯类、有机磷类杀虫剂或昆虫生长调节剂类农药以及阿维菌素等生物农药；利用食蚜蝇、瓢虫、草蛉、蚜茧蜂等天敌昆虫防治蚜虫。

甜菜蚜

甜菜蚜是昆虫纲半翅目蚜科蚜属的一种。

◆ **地理分布**

甜菜蚜分布于亚洲、欧洲、大洋洲、非洲和美洲，在中国广泛分布。

◆ **形态特征**

甜菜蚜无翅孤雌蚜体长 2.28 毫米。体表光滑，微显网纹。腹部第 1 到第 7 节各有小型缘斑，第 6 节缘斑大型，与腹管基部相愈合，第 7、8 节背片各有窄横带 1 个。触角 6 节，长为体长的 0.59 倍。喙端部达后足基节，末节长为后足第 2 跗节的 1.40 倍。腹管长管形，长为尾片的 1.10 倍，有刺突组成的瓦纹。尾片有长毛 15 根。有翅孤雌蚜触角第 3、4 节分别有圆形次生感觉圈 15 ～ 22 个和 2 ～ 5 个，分布于各节全长。

◆ **生物学习性**

甜菜蚜的原生寄主是卫矛属、山梅花属、荚蒾属植物；次生寄主植物繁多，常见的有蚕豆、玉米、荞麦、酸模、大丽菊等。在原生寄主卫矛、山梅花或荚蒾上越冬，春季孵化后取食，导致叶片卷曲，随后迁飞至次生寄主，涉及多种木本和草本植物，秋季雌、雄性蚜在原生寄主上交配产卵。欧洲南部、亚洲西南部、非洲、南美洲、印度、韩国、新西兰等地的甜菜蚜种群可在次生寄主上营不全周期生活。

豌豆蚜

豌豆蚜是昆虫纲半翅目蚜科无网蚜属一种，为作物害虫，又称豆无网长管蚜。

◆ **地理分布**

豌豆蚜具有红、绿两种主要色型，能
进行光合作用。绿色型豌豆蚜发生历史悠
久，世界范围内广泛分布。红色型豌豆蚜于
1963 年在芬兰首次报道，中国于 2004 年发
现并记录。在中国，红色型豌豆蚜仅分布于
甘肃、宁夏、青海、新疆等地区。

◆ **形态特征**

豌豆蚜有翅胎生成蚜体长 2.8 ～ 3.1 毫
米。绿色型体色为黄绿色，额瘤大，向外突
出。触角淡黄色，超过体长，前 5 节端部（黑
色环）和第 6 节深色，第 3 节细长，上有感
觉圈 8 ～ 19 个。腹管淡黄色，细长弯曲。
尾片淡黄色，细而尖，两侧生刚毛约 10 根。
无翅胎生成蚜体长 4.1 ～ 4.6 毫米，触角第
3 节基部有感觉圈 3 个，其余同有翅蚜。红
色型体色主要为粉红色，其余同绿色型。

红色型豌豆蚜

绿色型豌豆蚜

◆ **生活史与习性**

豌豆蚜在年生活史中具有世代交替现象。在夏季长日照条件下，
豌豆蚜以孤雌胎生繁殖，世代周期短，繁殖速度快，在中国西北地区每
年繁殖 20 ～ 30 代。在秋末短日照条件下，孤雌胎生蚜产生性蚜交配后
以滞育卵在苜蓿、三叶草等多年生豆科植物上越冬。豌豆蚜在中国西北

地区，每年 4 月上旬气温达 10℃ 以上、苜蓿返青时，开始发生为害，5 ～ 10 月为主要发生期。豌豆蚜的最适发育温度为 20 ～ 24℃，成蚜寿命 5 ～ 15 天，孤雌胎生繁殖，每雌产蚜量 30 ～ 100 头，完成 1 代 5 ～ 7 天。成蚜能释放报警激素，能跌落逃避敌害，抗干扰能力差。在高温和多雨季节豌豆蚜种群密度显著下降。

豌豆蚜的寄主植物主要为豌豆、香豌豆、蚕豆、大豆、苜蓿、苕草、黄芪、山黧豆、三叶草等豆科植物。豌豆蚜以若蚜和成蚜在植株叶片和茎秆上刺吸植物汁液，导致植物萎蔫、干枯死亡。豌豆蚜除直接取食为害外，还能传播苜蓿花叶病毒、豌豆耳突花叶病毒等植物病毒，对豆类作物以及苜蓿生产造成严重经济损失。

◆ **防治措施**

选育和选用抗蚜品种对控制蚜害具有重要作用。灌溉或刈割可减少豌豆蚜种群的发生。在田间，作物合理布局，避免其适宜寄主邻作或连作，保护和利用龟纹瓢虫、多异瓢虫、异色瓢虫、草蛉、食蚜蝇和蚜茧蜂等豌豆蚜天敌，有利于发挥自然的控制作用。化学防治可选用吡虫啉、抗蚜威、啶虫脒等内吸性药剂进行喷雾防治，有良好防治效果。

蚊母新胸蚜

蚊母新胸蚜是昆虫纲半翅目蚜科新胸蚜属的一种。

◆ **地理分布**

蚊母新胸蚜仅分布于中国和日本。

◆ 形态特征

蚊母新胸蚜无翅孤雌蚜体长 1.12 毫米。触角 5 节，长为体长的 0.17 倍，第 4、5 节分节不明显，原生感觉圈小圆形。喙端部达前足基节，末节与基宽等长。足短小。腹管未见。尾片末端圆形，有毛 2～4 根。尾板两裂片，有毛 9 根。有翅孤雌蚜活体黑灰色，头、胸部黑色，附肢黑色，前翅翅痣及两肘脉灰色，中脉及径脉淡色，沿亚前缘脉下方有 1 条灰色细线。触角长为体长的 0.29 倍，原生感觉圈小圆形，次生感觉圈开口环形，第 3 到第 5 节分别有 9～13 个、4～8 个、2～7 个。胫节顶端稍膨大。前翅中脉分叉 1 次，分叉点近基部。

◆ 生物学习性

蚊母新胸蚜干母春季在原生寄主蚊母树叶片上形成小圆形虫瘿，红色，壁厚，每片叶上有 8～16 个虫瘿。干雌夏初自开裂的虫瘿迁飞至次生寄主枹栎等壳斗科植物叶片上，产生无翅粉虱型世代。秋末冬初有翅性母蚜回迁至原生寄主，产生雌、雄性蚜，交配后以卵越冬。蚊母新胸蚜的寄主为中华蚊母树等蚊母树属植物。

完全变态

蝶

阿波罗绢蝶

阿波罗绢蝶是昆虫纲鳞翅目凤蝶科绢蝶属的一种。

◆ **地理分布**

阿波罗绢蝶在中国分布于新疆（天山），在国外分布于欧洲各国、土耳其和蒙古。

◆ **形态特征**

成虫

阿波罗绢蝶成虫翅展 79 ～ 92 毫米。翅白色或淡黄白色，半透明。前翅中室中部及端部有大黑斑，中室外有 2 枚黑斑，外

阿波罗绢蝶成虫

缘部分黑褐色，亚外缘有不规则的黑褐带，后缘中部有 1 枚黑斑。后翅基部和内缘基半部黑色。前缘及翅中部各有 1 枚红斑，有时有白心，周围镶黑边。臀角及内侧有 2 枚红斑或 1 枚红斑 1 枚黑斑，其周围镶黑边。

亚缘黑带断裂为 6 枚黑斑。翅反面与正面相似，但翅基部有 4 枚镶黑边的红斑，2 枚臀斑也为具黑边的红斑。雌蝶色深，前翅外缘半透明带及亚缘黑带较雄蝶宽而明显，后翅红斑较雄蝶大而鲜艳。

卵

卵扁平，表面有许多颗粒状的微小突起，排列规则。精孔周围稍凹，这里的微小颗粒显著小于其他部分。灰白色，精孔周围淡黄绿色。直径约 1.38 毫米，高约 0.85 毫米。

幼虫

1 龄幼虫头部黑褐色有光泽，上生黑毛。臭角不明显。前胸背板黑褐色有光泽。身体暗黑褐色，下方色稍淡。前胸前半部泛橙黄色。肛上板几丁化，黑褐色。终龄幼虫体黑色，前胸至第 9 腹节亚背线上的圆形斑呈红色。

蛹

蛹暗褐色有光泽，覆盖有灰白色粉。头部圆形，无突起。前胸的气门关闭。中胸圆形。前翅基部的突起呈钝角。腹部从背面看呈椭圆形，从侧面看向腹面弯曲，每一腹节气门上线各有 1 个浅凹。体长约 21 毫米。

◆ 生物学习性

阿波罗绢蝶 1 年 1 代，以卵越冬。成虫 8 月出现，生活在海拔 750 ～ 2000 米的亚高山地区。成虫的运动斑块受到幼虫与成虫食物资源的限制，运动范围在海拔 260 ～ 1840 米，在此范围内频繁运动。幼虫取食景天科景天属植物。

◆ **濒危原因**

导致阿波罗绢蝶濒危的因素主要有：①过度采集与贸易。②气候变化、酸雨。③都市化及大量基础设施建设。④农业化及农药的大量使用。⑤森林砍伐与生境破坏。

◆ **保护措施**

阿波罗绢蝶为冰河期残余种，对研究凤蝶类的谱系演化及历史生物地理学具重大意义。阿波罗绢蝶可供观赏，为世界名贵种。该种在波兰和西班牙早已灭绝，故在昆虫中最早被纳入《濒危野生动植物种国际贸易公约》（CITES），被列为二级保护种；在中国《国家重点保护野生动物名录》中被列为二级保护对象；在世界自然保护联盟（IUCN）红皮书《受威胁的世界凤蝶》中被列为 R 级（个体数量甚少）。不少国家和地区都已采取了有效的保护措施，包括划栖息地为保护区、人工助殖、重引、植树造林、设立专门公园保护等。

斑缘豆粉蝶

斑缘豆粉蝶是昆虫纲鳞翅目粉蝶科豆粉蝶属一种，为豆科作物害虫。

◆ **地理分布**

斑缘豆粉蝶分布于中国、朝鲜、日本、俄罗斯等地。在中国，除西藏外各省（区、市）均有分布。

◆ **形态特征**

斑缘豆粉蝶雄成虫体长 17 ～ 20 毫米，翅展 44 ～ 55 毫米；雌成虫体长 15 ～ 18 毫米，翅展 46 ～ 59 毫米。体躯黑色，头、胸部密被灰色长茸毛，腹部被黄色鳞片和灰白色短毛。触角红褐色，复眼灰黑色。翅色变化较大，一般为黄色或淡黄绿色，前翅中室端部有 1 个黑斑，外缘为 1 条黑色宽带，带中通常有 1 列形状不规则的淡色斑。后翅中室端部有 1 个橙色斑。斑缘豆粉蝶存在性二型和多型现象。雄成虫分为黑缘型和普通型，雌成虫分为橙色型、黄色型和淡色型。卵纺锤形，初产时乳白色，后变成橙红色，孵化前为银灰色，有光泽。老龄幼虫体长约 30 毫米，体深绿色，密布小黑点，体节多褶皱，体背密生黑色短毛，毛片亦为黑色。气门线黄白色，气门的后方有橙色斑，其下方有 1 个圆形黑斑。蛹鸡胸形，体长 20 ～ 22 毫米，头部突起较短。

斑缘豆粉蝶雄成虫

斑缘豆粉蝶雌成虫

◆ **生活史与习性**

斑缘豆粉蝶通常以幼虫或蛹在篱笆、墙缝、杂草及枯枝落叶间越冬。在吉林省 1 年可发生 2 ～ 3 代，越冬代成虫一般在 5 月份出现，6 月末始见当年第 1 代成虫，8 月初至 10 月上旬田间均可见到成虫（为第 2 代和第 3 代部分成虫）。成虫一般将卵单产于寄主叶片表面。初孵幼虫在叶片主脉处停留一段时间，然后开始啃食叶肉，残留叶背表皮呈窗斑状。幼虫 3 龄后进入暴食期，其 4 ～ 5 龄幼虫的取食量占整个幼虫期总取食量的约 95%。老熟幼虫在叶柄或侧枝下方化蛹。在 20 ～ 30℃ 时，各虫态的发育速率随温度的升高而加快，35℃ 时，末龄幼虫生长发育受到抑制，完成个体生长发育所需的积温为 381.29℃·日。

斑缘豆粉蝶的寄主植物为大豆、野豌豆、苜蓿、三叶豆、百脉根、蚕豆等。以幼虫取食叶片为害，严重时可将叶片全部吃光，仅残留叶柄。

◆ **防治措施**

在斑缘豆粉蝶幼虫 3 龄前，用苏云金杆菌喷雾防治，7 ～ 10 天 1 次，可连续施用 2 ～ 3 次。也可选用杀灭菊酯、高效氯氰菊酯、氟氯氰菊酯、溴氰菊酯等药剂进行田间喷雾。

菜粉蝶

菜粉蝶是昆虫纲鳞翅目粉蝶科粉蝶属一种，为蔬菜作物害虫，又称菜白蝶、白粉蝶、小菜粉蝶，幼虫称菜青虫。

◆ **地理分布**

菜粉蝶分布于世界五大洲，但以其发源地亚洲和欧洲大陆发生普遍。菜粉蝶在中国各省（区、市）均有分布，以华北、华中、西北、西南为害较重。

◆ **形态特征**

菜粉蝶成虫体长 12 ～ 20 毫米，翅展 35 ～ 55 毫米。体灰黑色，翅粉白色。雌蝶前翅基部大部分灰黑色，顶角有 1 个三角形黑斑。雄蝶前翅基部黑色部分和顶角的三角形黑斑均较小。卵高约 0.8 毫米，瓶形，乳白至淡黄色，后变橙黄色。卵面纵棱和横脊形成许多长方形小方格。老熟幼虫体长约 35 毫米，青绿色，

菜粉蝶成虫

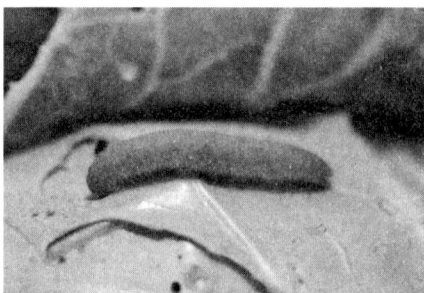
菜粉蝶幼虫

腹面淡绿白色，背中线黄色，体上密布黑色细小毛疣。腹节各有4～5条横皱纹，气门线上有2个黄斑，其一为环状围绕气门。蛹长18～21毫米，纺锤形，头顶中央有1个圆锥形角状突起；

中胸背中央呈棱形隆起；第3腹节左右各有1个分叉状突起，末端钝圆。蛹随着化蛹场所不同而呈绿色、淡褐色、灰黄色、灰褐色等。

◆ 生活史与习性

菜粉蝶在中国从北到南1年发生3～12代。华南广州、海南省、台湾地区等地可周年发生，其他地区以滞育蛹越冬，短光照是诱导滞育的主要因子。越冬场所多在为害田附近的屋墙、篱笆、风障、棚室设施、田间作物与树干上或土缝、杂草间。翌春越冬代成虫羽化期长达1～2个月，各地的种群数量消长呈春末夏初和秋季双峰型，世代重叠现象严重。成虫寿命3～30天不等，与环境关系密切。在恒温16～28℃下，卵期8.2～3.7天，幼虫期24.3～11.5天，蛹期17.0～5.2天，世代历期49.5～20.4天。

成虫夜伏昼出，晴天9～16时活动最盛。对十字花科植物特有的芥子油糖苷有强烈趋性，需吸食花蜜补充营养和飞行，交配1～4天后产卵。多散产于甘蓝、花椰菜等叶片背面。每雌一般产卵100～200粒。幼虫清晨孵化，先吃掉卵壳，再啃食叶肉。1～3龄幼虫食量约占幼虫期的3%，4龄约为13%，5龄暴食期达84%。低龄幼虫受惊后有吐丝下垂的习性，高龄幼虫则会卷曲落地。老熟幼虫多在菜叶正面或背面化蛹。

菜粉蝶属寡食性害虫，已知寄主植物 35 种，嗜食十字花科作物如结球甘蓝、花椰菜和球茎甘蓝等；大白菜、白菜（青菜）、油菜、萝卜、芥菜、芜菁等次之。幼虫食害叶片，严重时可吃光叶肉仅残存叶脉、叶柄，造成缺苗断垄或成片毁种；还能造成寄主伤口，利于病原细菌侵染传播，诱发软腐病和黑腐病。

油菜受害状

◆ 影响其发生的因素

耕作制度

十字花科植物中含有的硫代葡萄糖苷及其酶解产物异硫氰酸酯（芥子油），是菜粉蝶产卵的信号化合物和幼虫取食的指示剂。十字花科蔬菜历来在中国栽培地区最广、生产面积最大，以春、秋两季露地栽培为主。随着品种改良及其类型多样化，设施和防雨棚、遮阳网栽培等新技术广泛应用，已发展为春、夏、秋和越冬反季节栽培，还形成了南、北方不同高原地区夏、秋季生产区域。菜粉蝶的分布与为害范围扩大，发生期明显延长，也有利于高龄幼虫在南方越冬。

气候因素

温度 20 ～ 25℃、相对湿度 70% ～ 80%、少雨和光照充足，适宜菜粉蝶生长、发育和繁殖。32℃ 以上幼虫死亡增加，成虫生殖力显著降低。雨量大，如日降水量约 19.7 毫米，可使约 20% 的卵脱落及 1 ～ 3 龄幼虫大量死亡。中国平原菜区春末、夏初和秋季，高山蔬菜基地夏、秋季有利于该虫发生。

自然天敌

菜粉蝶的天敌种类多达百余种，如广赤眼蜂、拟澳洲赤眼蜂、粉蝶盘绒茧蜂、蝶蛹金小蜂、普通常怯寄蝇、赤胸步甲、马蜂、捕食性蜘蛛及苏云金杆菌等病原微生物。其天敌分布区域广且发生期长，对菜粉蝶卵、幼虫和蛹有良好的抑制效果，有时局地起关键控害作用。

抗药性

菜粉蝶适应性强，先后对 15 种以上的杀虫剂产生抗药性。自 20 世纪 60 年代中期的近 20 年间，由于施用药剂种类单一，菜青虫田间种群对滴滴涕、敌百虫、敌敌畏、乙酰甲胺磷等产生不同程度的抗性，对菊酯类杀虫剂则产生高或极高水平抗性，使高效防控药剂种类减少，菜青虫化学防治陷入困境。

◆ 防治措施

根据种群监测数据与气象信息，结合蔬菜种植状况与历史虫情资料，综合分析做出菜粉蝶发生期与发生量预测，预报防治适期和防治对象田。

农事作业中清洁田园与深耕晒垡，苗床（房）设置防虫网，合理安排茬口避免嗜食寄主连作，选用早熟良种结合地膜栽培、提早定植和采收，灭虫、避虫作用明显。优先选用苏云金杆菌（Bt）等微生物制剂，释放广赤眼蜂。化学防治适期为 3 龄前幼虫盛发期，常用药剂有氟啶脲、虫螨腈、鱼藤酮、印楝素、阿维菌素、甲氨基阿维菌素苯甲酸盐等，注意轮换用药。

柑橘凤蝶

柑橘凤蝶是昆虫纲鳞翅目凤蝶科凤蝶属一种，为柑橘害虫，又称春凤蝶、橘凤蝶、橘黑黄凤蝶、燕尾蝶、花椒凤蝶等。

◆ 地理分布

柑橘凤蝶在中国各地均有分布。柑橘凤蝶在印度、缅甸、日本、朝鲜、韩国、越南等大部分亚洲国家以及夏威夷群岛亦有分布。

◆ 形态特征

柑橘凤蝶成虫雌雄同型，翅绿黄色，沿脉纹有黑色带，臀脉上的黑带分叉；外缘有黑色宽带。前翅黑色宽带嵌有 8 个绿黄色的新月斑，中室端有 2 个黑斑，基部有 4 ～ 5 条黑色纵纹；后翅黑带中嵌有 6 个绿黄色新月斑，其内有蓝色斑列；中室绿黄色，无斑纹；臀角处有 1 个橙色圆斑，内中具 1 个黑点。柑橘凤蝶有春、夏型之分，春型体稍小，颜色较深。春型翅展 69 ～ 75 毫米，体长 20 ～ 24 毫米。夏型翅展 87 ～ 100 毫米，体长 25 ～ 29 毫米。卵球形，直径 1.0 ～ 1.5 毫米，表面光滑，初产卵为米黄色，后转为黄褐色，临孵化前为黑色。幼虫共 5 龄，各龄幼虫体色差异较大：1 龄初为黄褐色，后转为褐色，体背中部具黄色斑；2 龄棕黄色，具肉棘，背中部具白色"V"形斑；3 龄棕褐色，背中部具白色"V"

柑橘凤蝶成虫

形斑，头部及尾端侧面具白斑纹；4 龄头部黄褐色，体墨绿色；5 龄绿色或黄绿色，体背具 3 条黑色斜纹，中部具黑色半环状线纹，两侧各具一眼状班，体长 38 ～ 45 毫米。蛹为缢蛹，长 24 ～ 32 毫米。

◆ **生活史与习性**

柑橘凤蝶每年发生 3 ～ 6 代，越往南发生代数越多。在郑州地区，柑橘凤蝶每年发生 3 代。室内常温饲养条件下，卵期 5 ～ 7 天，幼虫期 15 ～ 24 天，蛹期 9 ～ 15 天，成虫期 10 ～ 12 天。柑橘凤蝶以蛹在枝干及柑橘叶背等隐蔽处越冬。成虫在阳光较强的中午活动频繁，追逐交尾。成虫有访花习性，多在醉蝶花、马樱丹、马利筋等植物的花上活动。成虫一生可交配多次，交配后第 2 天或第 3 天雌成虫即开始产卵。每雌产卵量 30 ～ 200 粒，卵单粒附着在柑橘嫩叶边缘或嫩梢顶端。产卵过程迅速，雌成虫产下卵后即飞离，一般同 1 叶片只产 1 粒卵。初孵幼虫取食叶肉，在叶面留下小孔，2 龄幼虫沿着叶缘啮食，3 龄后食量大增，常将叶片吃光，仅残留叶柄，对幼苗、嫩树和新梢危害很大。老熟幼虫在被害的枝梢下方的枝干或叶背化蛹。

柑橘凤蝶主要为害芸香科植物，包括柑橘类、花椒等。幼虫以芸香科植物的芽和叶为食，初龄幼虫将芽和叶片食成缺刻，中龄以后则将叶片食光或仅存叶柄和主脉，严重发生时可将嫩梢全部吃光，严重影响枝梢的抽发。

◆ **影响其发生的因素**

柑橘凤蝶卵的孵化临界低温为 9.70℃，1 ～ 5 龄幼虫期的发育临界温度分别是 15.61℃、9.57℃、13.13℃、16.26℃ 和 13.28℃，蛹期在低于 12.88℃ 即停止发育。柑橘凤蝶由卵发育至成蝶完成 1 个世代需要 477℃·日。柑橘凤蝶通常 3 ~ 4 月越冬代成虫开始出现，4 ~ 11 月均有幼虫发生，5 月中下旬至 9 月中旬为幼虫发生高峰期，夏、秋梢受害程度高。

◆ **防治措施**

各地可参考生物学资料，结合当地气象资料进行预测预报。防治方法可采用：①人工防治。利用成虫在早晨露水未干前多静止于枝叶上少动和喜欢在其他蜜源植物访花的习性，捕杀成虫。另外，可在新梢期捕捉幼虫，及时摘除卵粒和蛹。②保护和利用天敌。凤蝶赤眼蜂和凤蝶蛹金小蜂分别寄生于凤蝶幼虫和蛹，对夏、秋季凤蝶有一定的控制作用。③药剂防治。根据发生情况进行挑治，优先使用生物农药（如苏云金杆菌粉剂或青虫菌粉剂），如幼虫发生数量大，推荐使用植物源农药苦参碱和菊酯类化学农药，但各种药剂喷施应在幼虫幼龄期进行，才能有良好的防治效果。

茴香凤蝶

茴香凤蝶是昆虫纲鳞翅目凤蝶科凤蝶属一种，为蔬菜害虫，又称金凤蝶、黄凤蝶、胡萝卜凤蝶、芹菜凤蝶等。

◆ **地理分布**

茴香凤蝶主要分布于欧洲、非洲的西北部、亚洲绝大部分地区及北美洲的部分地区。茴香凤蝶在中国除云南、青海、西藏及四川部分地区外均有发生。

◆ **形态特征**

茴香凤蝶春型成虫体长 24 ～ 26 毫米，翅展 80 ～ 84 毫米；夏型体长约 32 毫米，翅展 88 ～ 100 毫米。体金黄色，背脊具黑色宽纵纹。前翅近三角形，基部色暗。中室端部及横脉外各具 1 大黑斑。前、后翅翅脉具黑色纹线，外缘具黑色宽带，在外缘及黑带内有 2 列黄色月形斑，前翅每列 8 个，后翅每列 6 个。后翅外缘锯齿状，后缘臀角处有 1 个红斑，具尾状突。卵球形，径长约 1.2 毫米，表面光滑，无花纹，淡黄色，孵化前呈紫黑色。老熟幼虫体长 52 ～ 55 毫米，体

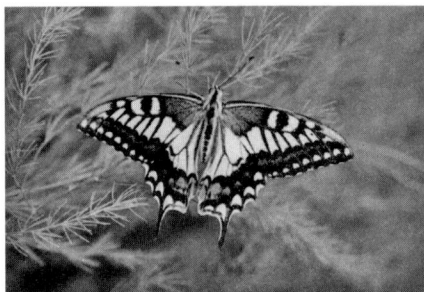

茴香凤蝶成虫

粗壮，黄绿色；头小，绿色，正面有"A"形黑纹，两侧各有 2 个黑斑；胸、腹各节有断续的黑色横带纹，间杂橙色斑点，臭丫腺橘黄色。蛹体长 30 ～ 35 毫米，草绿色，粗糙，胸背有 1 个大突起，从此向后有 3 条纵黄色条纹。

◆ **生活史与习性**

茴香凤蝶 1 年发生 2 代，以蛹在植物枝条上越冬。翌年 4 ～ 5 月羽化，第 1、2 代幼虫发生期分别为 5 ～ 6 月和 7 ～ 8 月。

成虫白天活动，吸食花蜜与露水，飞翔能力强，夜间和雨天多倒挂于枝丛隐蔽处。成虫寿命 9 ～ 19 天，羽化后 1 ～ 2 天交尾，产卵 2 ～ 3 天。卵散产于茎干与叶背面，卵期 5 ～ 7 天。幼虫有取食卵壳的习性，白天静伏于叶背或枝叶茂密处，夜间活动取食，受惊扰时在头胸之间伸

出臭腺角，分泌臭液防御。幼虫期 18～20 天，老熟后选择寄主叶片或枝条，先吐丝把体末固定，然后把虫体中部和附着物缠绕，化蛹。蛹期 11～15 天，越冬蛹 220 天左右。

茴香凤蝶的主要寄主有茴香、胡萝卜、芹菜、水芹、莳萝等伞形花科蔬菜，以及香根芹、蛇床等植物。幼虫取食寄主叶片形成缺刻，或仅留主脉和叶柄，严重时可食光叶片、嫩茎和花器，影响作物正常的生长发育。

◆ 影响其发生的因素

茴香凤蝶的发生与为害常与以下因素有关：①温度。温度是影响生长发育的重要环境因子，各虫态发育历期与温度呈负相关。温度 16℃ 时卵期 11.8 天、20℃ 为 6 天、24～32℃ 为 4 天，16℃ 时蛹可滞育，不能完成整个世代发育。②寄主植物。幼虫嗜食伞形花科作物，返绿早的作物受害较早，可越冬作物受害较重，保护地较露地发生量小。③天敌。捕食性天敌包括蜘蛛、螳螂、青蛙、蜻蜓、鸟类等。寄生性天敌种类很多，常见的有赤眼蜂、广腿小蜂、金小蜂等，寄生率较高，对茴香凤蝶的发生和为害有一定的控制作用。

◆ 防治措施

茴香凤蝶在田间多为零星发生，应注意兼防。局部较重发生时，可加强田间管理，及时铲除田间以及周边杂草，减少越冬蛹数量。幼虫零星发生时进行人工捕捉。在幼虫低龄期进行药剂防治，可选择高效氯氟氰菊酯、虫螨腈、茚虫威、氯虫苯甲酰胺、甲氨基阿维菌素苯甲酸盐等喷雾处理。

金斑喙凤蝶

金斑喙凤蝶是昆虫纲鳞翅目凤蝶科喙凤蝶属的一种。

◆ 地理分布

金斑喙凤蝶在中国分布于浙江（泰顺乌岩岭国家级自然保护区）、福建（武夷山、南平茫荡山）、广东（南岭、连平）、广西（大瑶山、融水苗族自治县）、海南（尖峰岭）、江西（井冈山、九连山）、云南（南部与东南部）等地，在国外分布于越南、老挝等国。

◆ 形态特征

成虫

金斑喙凤蝶为大型蝶类，翅展 81 ～ 93 毫米。雄蝶翅面灰黑，被有稠密带绿色光泽的鳞片，外缘带黑色，有黄绿色光泽，翅脉部位色更深。后翅中室外侧有较大的金黄色斑，斑内有蓝黑色、橘红色及绿色条斑点缀其间；外缘有端部呈黄色的尾状突起。前、后翅反面与正面的色斑近似，但色泽略浅，光泽亦不明显。雌性前翅翠绿色较少，大致与雄性反面相似；后翅中域大斑呈灰白色或白色，外缘月牙形斑呈黄色和白色，外缘齿突加长；其余与雄性相似。

金斑喙凤蝶雄蝶

金斑喙凤蝶雌蝶

卵

卵淡紫红色或紫红色，较光滑，有暗光泽。扁球体状。直径 2.4～2.5 毫米，高 1.45～1.55 毫米。单粒位于寄主植物叶面上，底部稍向内凹陷。孵化前 2～3 天卵体内部呈混沌状，卵色开始变化。孵化前 1 天，卵体外壳变得透明，内部可见黑色虫体。

幼虫

5 龄幼虫体长 68.0～70.0 毫米，前胸宽 7.0～8.0 毫米。在取食阶段，幼虫全身绿色，只在各节之间透出黄色。头部、腹面及腹足均为黄色，口端浅黄色。各节蓝色斑点渐不明显，位于后胸的内部亮白色外周红紫色的 1 对眼纹大而明显。背腹中央的白色斜纹消失，身体各节呈无规律状分布的黑点较明显。胸足淡红紫色。丫腺黄色。在老熟幼虫阶段，全身以黄色和红紫色为主。体长不变，而胸部变得更加宽阔厚实。头部红黄色，胸足红紫色，腹足末端红紫色。身体各节散布着许多大小各异的红紫色斑块，这些斑块在第 4、5、6 腹节较集中。

蛹

蛹为缢蛹。体表粗糙，凹凸不平，体色以绿色和黄绿色为主。背面扁平而宽阔，近似菱形。头部向前突起，背面观轮廓呈抛物线状。前中胸间背侧面有 1 对褐色气门。中胸背面有 1 个十分明显的绿色喙状突起，突起超出蛹体 9 毫米，尖端圆钝，与体中轴略成直角，并梢向后倾斜。后胸背线两侧有 1 对不明显的深褐色斑纹，后胸背面靠近侧线处各有 1 个浅褐色呈疤状外突结构，该结构上方有 1 块褐色区域。腹部以第 3 腹节最为鼓突，自此向后逐渐收缩。第 1 腹节背线两侧有 2 对褐色斑纹，靠近背线的 1 对较小，远离背线的 1 对较大。背线绿色，侧面观背线在第 2 到第 4 腹节处突起呈驼背状。腹部背侧线分别有 1 条绿色带纹，从第 3 腹节一直延伸至腹部末端。丝垫褐色。

◆ **生活史与习性**

金斑喙凤蝶在广西大瑶山 1 年发生 2 代，少数 1 年 1 代，以蛹越冬。成虫活动时间为每年的 4 月上旬至 6 月上旬和 8 月上旬至 9 月中旬。雌蝶产卵方式为散产，通常为"一枝一叶一卵"式。幼虫共 5 龄，老熟幼虫离开寄主植物在林下层各类植物上化蛹。金斑喙凤蝶主要在湿季（4～10 月底，月降水量 > 50 毫米）生长、发育与繁殖后代。

金斑喙凤蝶在行为上表现出对温度的主动选择性，幼虫在 17～24℃时取食行为活跃，雄蝶在 19～26℃时山顶行为活跃，均表现出中温选择性。然而，雌蝶多选择在正午时刻产卵，其间温度为 27～30℃，表现出高温选择性。雄蝶对生境地形表现出主动选择性，约 87% 的雄蝶选择飞向山顶，它们每日上午 6 点至 11 点在山顶聚集，绕圈飞行或停息，以山顶停息为主，占山顶活动时间的 78% 左右。雄蝶通常停息在山顶的高枝位叶片上或山顶周缘的叶片上，以便迅速发现并拦截飞经的雌蝶，获得交配机会。因而，金斑喙凤蝶在交配策略上主要采取雄蝶等候的方式。停息期间，雄蝶表现出明显的占区行为，首先停息在某一区域的雄蝶在领域权竞争中通常都是最后的胜利者，赢得领域，获得更多交配机会。野外观察发现，金斑喙凤蝶的天敌种类较多，野外存活率偏低，最后羽化率仅为 38.9%。对于存活个体而言，它们已明显进化形成了一套复杂的防御体系，主要包括由保护色、颜色拟态、形状拟态等组建的初级防御体系和由眼斑展示、身体晃动、丫腺伸出等组建的次级防御体系。另外，老熟幼虫多选择在林下层的灌木丛或竹丛的隐蔽枝条上化蛹，化蛹高度为 2 米左右，这种对化蛹场所的主动选择行为可提高其蛹期的防御能力。

金斑喙凤蝶的寄主植物主要有木兰科的金叶含笑、深山含笑、广东含笑、光叶拟单性木兰。

◆ **濒危原因**

在自然选择作用下，金斑喙凤蝶对阔叶林生境的适应性行为特征非常明显。其濒危原因有以下 3 点：①生境破坏、质量下降。如人为砍伐、人工林替换原始林、林下层垦殖等。位于这些破碎生境的金斑喙凤蝶正遭遇种群下降，甚至已经局部灭绝。②自身生物学限制。如飞翔能力弱，迁徙能力差；雌雄比例严重失调；雌蝶产卵量少，卵的隐蔽性较差；幼虫成活率低，且寄生植物单一。③人为捕捉。

◆ **保护措施**

金斑喙凤蝶在中国被列为国家一级保护野生动物；被世界自然保护联盟（IUCN）红皮书《受威胁的世界凤蝶》列为 K 级（"险情"不详类）；被列入《濒危野生动植物种国际贸易公约》（CITES）附录二中。已采取的保护措施有：①将金斑喙凤蝶列入国家保护动物相关名录，通过国家法规政策进行保护。②开展了对金斑喙凤蝶的资源调查、生物学、形态学、保护生物学、行为特征、对生境的适应性及人工养殖技术等研究，为金斑喙凤蝶的保护提供理论基础。③建立了保护区对其进行保护，例如广西大瑶山国家级自然保护区和福建武夷山国家级自然保护区。

针对金斑喙凤蝶的保护现状，有学者建议采取以下保护措施：①加强栖息地保护。栖息地在该蝶生活中发挥着举足轻重的作用，其质量好坏直接影响该蝶的分布数量和存活。②加强基础研究。继续进行该蝶的本底调查和详尽的生态生物学研究，特别需要关注种群结构、数量波动、繁殖生物学和栖息地变化等问题。研究运用生命表方法对其种群生存力进行分析。研究有效保护生境的策略，尤其是要研究保护那些未被保护或位于保护区外围生境的策略。③加强法制宣传和执法力度。加强宣传教育，使当地民众了解金斑喙凤蝶的法律保护地位，并引导他们加入保护该蝶的行列中来。同时完善自然保护区的机构建设，加大保护区的执法力度，坚决制止各种非法捕猎行为。④加强技术和经验的交流。加强对金斑喙凤蝶的研究和繁育单位之间的交流与合作，积极探索该蝶救护繁殖的关键技术。⑤加强对保护区工作人员的培训。对自然保护区的科研和保护人员进行定期培训，培养金斑喙凤蝶保护专业人才。

曲纹稻弄蝶

曲纹稻弄蝶是昆虫纲鳞翅目弄蝶科稻弄蝶属一种，为作物害虫。

◆ 地理分布

曲纹稻弄蝶主要分布于中国（陕西、山东、河南、浙江、江西、海南、香港、四川、贵州、云南、广西、内蒙古）、越南、缅甸、泰国、马来西亚、印度。

◆ 形态特征

曲纹稻弄蝶成虫体长 14.0～16.0 毫米。头大，触角端部呈尖钩状，基部互相远离。前翅三角形，后翅卵圆形。前翅长 13.0 ～ 16.0 毫米，一般有 5 枚斑纹，排成直角状，中室一般无斑，个别具 1 枚下斑纹。卵半圆球形，卵顶周围具辐射状侧枝 5 ～ 8 枚。幼虫体长筒形，略扁，末龄体长 27 ～ 34 毫米，体草绿色，黄色较浓，第 4 ～ 7 节两腹侧各有白蜡腺 1 枚。蛹体长 18.5 ～ 19.5 毫米，初蛹体淡黄色，后转黄褐色，体表无小疣突，前胸气门纺锤形，狭窄而两端尖瘦。

◆ 生活史与习性

曲纹稻弄蝶在华南 1 年发生 6 ～ 7 代，以第 6、7 代幼虫在杂草中越冬，翌年春温度高于 15℃ 时开始化蛹。成虫有趋蜜习性，喜选择宽叶水稻产卵。幼虫换苞转移多达 6 ～ 7 次，老熟幼虫多在叶片结苞化蛹，稻分蘖盛期在稻茎秆间化蛹。每年 7 ～ 8 月份的 3、4 代发生较多，成虫发生量占全年的 30% 以上。

曲纹稻弄蝶主要为害水稻、高粱、甘蔗、玉米等作物，也为害竹子。

◆ 防治措施

曲纹稻弄蝶幼虫时期的天敌有蠼螋、螳螂、猎蝽、赤眼蜂、蜘蛛。应根据曲纹稻弄蝶寄生性天敌的发生特点和作用，尽最大可能发挥天敌的自然控制作用。其次是合理使用化学药剂，2 ～ 3 龄幼虫盛期为防治适期，药剂可选用杀虫单、甲维盐、丁烯氟虫腈、氯虫苯甲酰胺等。

三尾褐凤蝶

三尾褐凤蝶是昆虫纲鳞翅目凤蝶科尾凤蝶属的一种，又称三尾凤蝶、中华褐凤蝶。

◆ 地理分布

三尾褐凤蝶为中国特有种，分布于陕西、四川、云南等地。

◆ 形态特征

成虫

三尾褐凤蝶成虫体形中等，前翅长 45 毫米左右，雌蝶身体略大于雄蝶。前翅有 8 条自前缘至后缘的浅色横线，将翅面划分为 9 个带有青铜色光泽的黑色宽带区。后翅狭长，后缘中部内陷，外缘近扇形，有尾状突起 3 个，其中外侧上方 1 个较长，端部膨大呈棍棒状，中室附近有黑色条纹和由刻点排列的线纹，黑色条纹的端部有 1 个较大红色斑，近外缘有 4 个橙黄色新月形斑及 3 个蓝色点。前、后翅的反面较正面色浅，后翅有较宽的黄色线纹及 1 个淡黄色小斑。

三尾褐凤蝶成虫

卵

卵球状，光滑型，乳白色，型小，直径达 1.05 毫米。卵表面的精孔狭小，精孔内侧的侧枝短而直。

幼虫

初孵幼虫为乳白色，体长约 2.5 毫米。随着成长，淡黄色瘤状突起逐渐明显，而且体色的灰色也随之变浓，4 龄虫的棘状突起细长，从橙色变为红色，体色为灰褐色，背线明显，细而浓，5 龄虫的体长约为 34 毫米，体色为黑褐色，背线清晰。

蛹

蛹体长约 25 毫米，中胸部最大幅度约 7 毫米，尾端方向变细，腹部第 5 到第 7 节的各节背面及侧面各有 1 对尖状突起。体色为褐色，后胸部背面的两侧各有 1 个乳白色圆形斑纹，在背面宽的部位有乳白色的楔子状的长形斑纹，直达尾端。

◆ **生活史与习性**

三尾褐凤蝶 1 年发生 1 代，以蛹越冬。卵散产于寄主嫩叶上，卵期约 7 天。三尾褐凤蝶化蛹模式为胸悬型，成熟幼虫即使到化蛹前也不吐丝；化蛹时将地表的枯叶卷起，在枯叶上蜕皮化蛹，该特性与其他近缘种完全不同。

三尾褐凤蝶一般栖息在亚高山地带（1500 ～ 2500 米）的灌丛地带。成虫每年 4 ～ 5 月出现，6 月中旬消失。5 月上中旬可见到卵。幼虫具有群居性，不食其蜕皮壳，也不吐丝。成虫飞行能力差。雄性有吸水习性，并喜在树冠上频繁飞行。幼虫取食马兜铃科的宝兴马兜铃等植物。

◆ **濒危原因**

栖息地生境破碎化、栖息地植被和寄主植物被破坏、气候变暖及人为捕捉。

◆ **保护措施**

二尾褐凤蝶被列入《濒危野生动植物种国际贸易公约》（CITES）附录二中，在中国已被列入国家保护蝶类名录，是国家二级保护野生动物。

在中国，已对三尾褐凤蝶的生物学特性、分布现状、濒危原因等进行了初步研究。针对三尾褐凤蝶的保护现状，有学者建议采取以下保护措施：①就地保护。在栖息地大量种植寄主植物宝兴马兜铃，并在当地进行三尾褐凤蝶人工养殖后放归野外，增加野生种群数量。②迁地保护。在原栖息地生态环境相近地区建立人工保护基地，种植寄主植物宝兴马兜铃对三尾褐凤蝶进行迁地保护。③加强监管。杜绝野外非法捕采和野生三尾褐凤蝶的标本贸易，禁止对寄主植物宝兴马兜铃的采挖。④建立和保护栖息地或斑块间的廊道，加强种群间的基因交流。

双尾褐凤蝶

双尾褐凤蝶是昆虫纲鳞翅目凤蝶科尾凤蝶属的一种，又称二尾凤蝶、二尾褐凤蝶、云南褐凤蝶。

◆ 地理分布

双尾褐凤蝶在中国分布于云南、四川。

◆ 形态特征

双尾褐凤蝶成虫中型大小。翅长 40 毫米左右。前翅黑色有光泽，有 7 条淡黄色细横带自前缘直达中脉，中间 5 条合并为 3 条达后缘。后翅狭长黑色，外缘呈扇形，后缘中下部稍内陷，臀角处

双尾褐凤蝶成虫

有深缺刻，上方有 3 个尾状突，最前方 1 个较长，端部膨大呈棍棒状，近外缘有较大的透亮红斑，亚外缘有 2 个蓝色眼点及 4 个淡黄色月形斑，翅中央有不规则的淡黄色宽线。前翅反面色斑与正面相似，但后翅反面

中室区内有 1 个红斑,前面 2 个尾突间内侧有 1 个橙色新月形斑。卵橙黄色,长 1.4 毫米。

◆ **生活史与习性**

双尾褐凤蝶 1 年发生 1 代。成虫多栖息于海拔 2000 米以上气候温和、冬季干旱晴朗、夏季较为潮湿的高山峡谷林地中。可产卵在叶背及叶柄上,同时也能产卵在枝梢上。卵期约 2 周。1 龄幼虫在睡眠时重叠在一起。

幼虫取食马兜铃科马兜铃属植物。

◆ **濒危原因**

导致双尾褐凤蝶濒危的主要原因有:栖息地退化或丧失、环境变化、过度采集。

◆ **保护措施**

双尾褐凤蝶被列入《濒危野生动植物种国际贸易公约》(CITES)附录二中,是中国国家二级保护野生动物。针对保护现状,有学者建议采取以下保护措施:①列入国家保护动物相关名录,通过国家政策对其加以保护。②将其重要栖息地建为自然保护区。③开展本底资源调查和生态、生物学方面的基础研究,为其保护提供科学依据。④开展人工养殖,增加其野生种群数量。⑤严禁商业性捕捉与采集。

香蕉弄蝶

香蕉弄蝶是昆虫纲鳞翅目弄蝶科蕉弄蝶属的一种,又称黄斑蕉弄蝶。

◆ **地理分布**

香蕉弄蝶分布于中国南方地区，包括浙江、福建、湖南、江西、广东、广西、海南、四川、贵州、云南、香港、台湾等地。

◆ **形态特征**

香蕉弄蝶成虫为大型弄蝶，身体粗且强壮。翅背面为褐色，前翅中域具 3 个黄斑，后翅无斑纹。翅腹面淡黄褐色，斑纹同背面。卵半球形，直径约 2 毫米，高约 1 毫米。卵壳表面有 20～25 条放射状纵脊。初散时黄色，后变为红色。老熟幼虫体长 40～60 毫米，体表被白色蜡粉，头部黑色呈三角形，前、中胸小呈颈状，后胸以后渐大，腹部第 3 节以后大小相等。蛹圆筒形，体长 36～40 毫米，被白色蜡粉，喙极长，伸至腹部末端。

香蕉弄蝶成虫

◆ **生物学习性**

香蕉弄蝶 1 年多代，在福州地区 1 年发生 4 代。香蕉弄蝶世代重叠，以老熟幼虫在叶苞内越冬。成虫通常 4 月至 10 月可见，多在傍晚飞行，吸食花蜜，白天很少见其活动。雌成虫于交尾后 1 天开始产卵，边飞翔边产卵，卵集中或散产于叶片背面，每个卵块通常包括 20～30 粒卵，也有 4～5 粒的卵块。幼虫孵化后先取食卵壳，后到叶缘卷叶为害，幼虫卷结叶片成筒状叶苞，食害蕉叶，早、晚和阴天伸出头部取食附近的叶片。在福州，香蕉弄蝶4～5月开始为害，8～9月发生较多。严重时，蕉园叶苞累累，叶片残缺不全，影响生长和产量。幼虫老熟后即在其中化蛹。

香蕉弄蝶的寄主植物主要为芭蕉科的芭蕉、香蕉等植物。

◆ 防治措施

农业防治

人工捕杀，在幼虫初发时摘除虫苞，杀死其中虫体。冬季与春暖前将枯叶残株砍下，烧、沤作灰肥、堆肥，以消灭潜存的幼虫和蛹。

生物防治

福建已知8种香蕉弄蝶的寄生性天敌，其对香蕉弄蝶的自然控制作用良好。赤眼蜂能寄生在香蕉弄蝶卵上，可加以利用。

化学防治

在幼虫低龄期，使用溴腈菊酯、敌敌畏和马拉硫磷稀释液喷雾，均有良好效果，以溴腈菊酯效果最佳。

隐纹谷弄蝶

隐纹谷弄蝶是昆虫纲鳞翅目弄蝶科稻弄蝶属一种，为作物害虫，又称隐纹稻苞虫。

◆ 地理分布

隐纹谷弄蝶广泛分布于亚洲、中东和非洲。隐纹谷弄蝶在中国除吉林、黑龙江、青海、新疆、内蒙古等地未发现外，其余各省（区、市）均有分布。

◆ **形态特征**

隐纹谷弄蝶成虫体长 18.3～18.5 毫米，前翅长 18.6～19.5 毫米，前翅白斑雌虫 8～9 枚，雄虫 8 枚，斑较细，均排成半环状，雌虫另具 2 枚淡黄色半透明斑。前翅中室斑纹 2 枚，一上一下排列。卵半圆球形，青灰色，卵径 1.0 毫米左右。幼虫体长约 33 毫米，颅面红褐色，"八"字纹伸达单眼外方。蛹体长 23～28 毫米，圆筒形，头顶锥状尖突长 1 毫米左右；缢蛹形，体灰绿色。

◆ **生活史与习性**

隐纹谷弄蝶在中国 1 年发生 3～5 代，发生期为 5～10 月。隐纹谷弄蝶以幼虫在杂草中越冬，翌年 6 月间开始化蛹并羽化。成虫有嗜蜜习性，瓜类花是主要蜜源。卵散产于叶面，幼虫 3 龄前将叶尖边缘向内纵卷以丝缀苞，4～5 龄幼虫不再作苞，老熟幼虫将化蛹时吐一束细丝缠绕胸部，蛹尾部黏在叶面或叶鞘上。

隐纹谷弄蝶幼虫为害水稻、高粱、玉米、甘蔗、粟等，野生寄主有竹、白茅、芒草、狗尾草、茭白、游草等。

◆ **防治措施**

应根据隐纹谷弄蝶寄生性天敌的发生特点，尽最大可能发挥天敌的自然控制作用，其次是合理使用化学药剂氯虫苯甲酰胺、甲维盐、氟氯氰菊酯和溴氰虫酰胺等。幼虫 2～3 龄盛期为化学防治适期。

直纹稻弄蝶

直纹稻弄蝶是昆虫纲鳞翅目弄蝶科稻弄蝶属一种，为作物害虫，又称一字纹稻苞虫。

◆ **地理分布**

直纹稻弄蝶分布于中国、朝鲜、印度、日本、马来西亚等亚洲国家及俄罗斯西伯利亚地区。直纹稻弄蝶在中国各稻区均有分布。

◆ **形态特征**

直纹稻弄蝶成虫体形粗壮，体长16.0～22.0毫米。头大，眼的前方有睫毛。触角端部呈尖钩状，基部互相远离。前翅三角形，后翅卵圆形。前翅白斑7～8枚，排成半环状，中室斑纹2枚，一上一下排列，其中雌虫上方斑纹粗且长，下方细小，雄虫反之。卵半球形，略凸，顶略平，卵径0.8～0.9毫米，卵顶花冠具8～12瓣，卵面具五、六角形网纹。幼虫头大，前胸小，呈颈状。体躯中部较大，两端较小，略呈纺锤形。幼龄幼虫头部黑色，后渐退淡。头部正面中央沿蜕裂线及两侧有"W"形纹，纹的两臂下伸甚长至单眼区，末端尖瘦；唇基中央及蚴单眼上方也各有1条纵纹，这些斑纹和蚴单眼及后头孔周围均呈深褐色。胸、腹部灰绿色，表面密布小颗粒；中胸及以后各节的后半部都有横皱4～5条，背面中央有深绿色背线；气门红褐色，大而内洼，气门线白色。雄虫自第3龄起在第6腹节背线两侧下可透见2个橘红色

直纹稻弄蝶成虫

直纹稻弄蝶幼虫

生殖腺（睾丸）。蛹体长 25 毫米左右，近圆筒形，两侧近平行，头平尾尖，复眼突出；胸气门纺锤形，中部膨大，两端或上端尖削；前足尖端与触角等长或略长；黄褐色，背面色较深，粗糙而多皱，后渐呈褐色，将羽化时变为紫黑色。第 5、6 腹节腹面中央各有 1 个倒"八"字形褐纹。臀棘细长，尖端有 1 簇细钩。体表被白粉，外裹白色薄茧。

◆ 生活史与习性

直纹稻弄蝶在中国 1 年发生 1 ～ 7 代，大致由北向南递增。直纹稻弄蝶越冬情况因南北而异，辽南、河北和苏北均以老熟幼虫和部分蛹在李氏禾、芦苇和稻桩间越冬，长江以南各省区则以幼虫在避风向阳的田边、水沟边、低湿草地、山溪边等处的茭白、李氏禾、双穗雀稗等杂草间，以及茭白、稻桩和再生稻上结苞越冬。成虫以花蜜为主作补充营养。卵的孵化适温为 24 ～ 30℃，发育起点温度为 12.6℃；幼虫发育适温为 22 ～ 30℃，相对湿度为 75% ～ 85%，发育起点温度为 9.3℃。

直纹稻弄蝶主要为害水稻、高粱、玉米、甘蔗、麦类、茭白等作物，以及游草、野茭白、稗草、圆果雀稗、双穗雀稗、白茅、芦苇、芒草、蟋蟀草、狼尾草、知风草、三棱草等杂草，杂草中尤以为害游草常见。幼虫为害水稻时，缀叶成苞，蚕食叶片，影响稻株生长，每头幼虫能食害稻叶 10 ～ 14 片。

◆ 影响其发生的因素

直纹稻弄蝶的发生常与以下因素有关：①温湿度。直纹稻弄蝶的发生和消长与前一年 12 月至当年 2 月及 6 ～ 8 月的温湿度关系最为密切。据观察，若前一年 12 月至当年 2 月的气温较常年同时期低，是当年直纹稻弄蝶大发生的征兆。其原因可能是低温使天敌大量死亡，而对直纹稻弄蝶影响不大。气温低于 20℃ 或高于 32℃，相对湿度小于 75% 时，成虫产卵很少，甚至不能产卵。温度过高过低，湿度 70% 以下，幼龄幼虫死亡率很高。②食料。食料充分，成虫寿命长，产卵量多；反之，则寿命短，产卵量少。凡是滨湖稻田及水稻和棉花、芝麻、花生、豆类或瓜果等旱作交叉的地区，蜜源充裕，直纹稻弄蝶一般发生为害都较严重。成虫产卵有趋嫩绿习性，故生长旺盛、叶色浓绿的水稻受卵量高。水稻分蘖期叶色嫩绿，最能引诱成虫产卵，受卵量可占总产卵量的 81% 左右。水稻类型及其嫩绿程度和生育期亦能影响幼虫的生长速度和存活率。生活在多肥、嫩绿的水稻上的幼虫比少肥、瘦黄水稻上的生长速度快，生长在糯稻上的要比籼稻上的快。③天敌。常见的有寄生蜂、寄生蝇等寄生性昆虫，瓢虫、步行虫、螳螂、胡蜂、蜻蜓、蚂蚁等捕食性昆虫，以及蜘蛛、青蛙、燕子等有益动物。已知的寄生蜂有 20 余种、寄生蝇 10 余种，其中重要的天敌在直纹稻弄蝶卵期有赤眼蜂、稻苞虫黑卵蜂，幼虫期有稻苞虫瘦姬蜂、稻苞虫绒茧蜂、稻苞虫鞘寄蝇，蛹期有稻苞虫黑瘤姬蜂、广黑点瘤姬蜂、稻苞虫羽角姬小蜂、稻苞虫柄腹姬小蜂、广大腿小蜂等。

◆ 防治措施

应根据直纹稻弄蝶寄生性天敌的发生特点和作用，尽最大可能发挥天敌的自然控制作用。其次是合理使用化学药剂，以第 3、4 代为重点防治对象，幼虫 2～3 龄盛期为化学防治适期。药剂可选用杀虫单、甲维盐、丁烯氟虫腈、氯虫苯甲酰胺等。

中华虎凤蝶

中华虎凤蝶是昆虫纲鳞翅目凤蝶科虎凤蝶属的一种，又称中华虎绢蝶、虎凤蝶。

◆ **地理分布**

中华虎凤蝶为中国的特有种，分布于陕西（周至、太白、宁陕和华阴）、河南（鲁山）、四川（宜宾、攀枝花）、湖南（桃源）、湖北（罗田、武汉、长阳、咸宁、神农架、武当山）、江西（九江）、安徽（马鞍山）、江苏（南京）、浙江（长兴、余杭、杭州、平阳）等地。

◆ **形态特征**

成虫

中华虎凤蝶成虫翅展 55～65 毫米。翅黄色。前翅上半部有 7 条黑色横带，其中基部第 1、2、4 条及外缘区的 1 条宽黑带直达后缘，且外缘宽

中华虎凤蝶的成虫

带内嵌有 1 列黄色短条斑（外侧）和 1 条似显非显的黄色横线（内侧）。后翅外缘锯齿状，在齿凹处有黄色弯月形斑纹，在弯月形斑外侧有相应的镶嵌黑色和黄白色的边。后翅的上半部有 3 条黑色带，其中基部 1 条宽而斜向内缘直达亚臀角；中后区有 1 列新月形红色斑，红斑外侧有不十分明显的蓝斑列；臀角有由红、蓝、黑 3 色组成的圆斑。尾突中长（短

于长尾虎凤蝶，长于虎凤蝶）。

卵

卵为立式卵，顶部圆滑，底部平，呈馒头形。直径 0.97～1.00 毫米，高 0.72～0.80 毫米。初产时淡绿色，具珍珠光泽，孵化前变成黑褐色。集中成片产于寄主植物叶片的背面。

幼虫

幼虫头部坚硬，黑褐色，1～3 龄时有光泽，老熟幼虫无光泽，密被黑色刚毛。单眼 6 枚，深黑色而光亮，半环状排列。头盖缝淡褐色。胸、腹部深紫黑色，体表刚毛丛共 6 行，分别为：亚背线—气门上线丛 2 行；气门下线丛 2 行；基线丛 2 行。其中气门下线丛着生在略呈半球形的大疣突上。各节的刚毛丛深黑发亮，中间常夹有 1～2 根白色的长刚毛。气门长椭圆形，深黑色。

蛹

蛹体形粗短，粗糙不平，具金属光泽。体长 15.0～16.5 毫米，宽 7.5～8.3 毫米。

◆ **生活史与习性**

中华虎凤蝶 1 年发生 1 代，以蛹越夏、越冬，部位多在枝干或树皮上、枯枝败叶下及石块缝隙中。成虫于 3、4 月出现，飞舞在潮湿的林间。卵初见于 3 月中旬，盛见于 3 月下旬、4 月初。4 月初至 5 月中旬为幼虫活动期，5 月上旬开始陆续化蛹。每一雌蝶的平均怀卵量为 122 粒，平均产卵量为 23.5 粒。

幼虫取食马兜铃科的杜衡、华细辛等植物。

◆ **濒危原因**

栖息地面积减小、质量下降和寄主植物资源减少是中华虎凤蝶数量下降的主要原因。该种分布局限于中国东部平原及丘陵地区。该地区的人口稠密化、都市化以及大农业化极大地破坏了中华虎凤蝶栖息与生存条件，加之多年来的贪婪采集与捕捉，已对其生存带来极大的危机。

◆ **保护措施**

中华虎凤蝶华山亚种在中国被列为国家二级保护野生动物；被世界自然保护联盟（IUCN）红皮书《受威胁的世界凤蝶》列为 K 级（"险情"不详类）。针对中华虎凤蝶野外种群现状，有学者提出了以下保护对策：①保护现有中华虎凤蝶栖息地和寄主植物资源。对栖息地的保护不能简单地采取划地围栏方法，对人为干扰要区分是破坏性影响还是非破坏性影响。应允许非破坏性人为影响（如适度砍伐薪材）持续下去。②监控野外捕采和野生来源的标本贸易。对于数量已经很低的种群，过度人为采集有可能是毁灭性的。但对较大的种群，可允许一定数量的人为采集。③必要时进行人工繁殖，补充野生种群。在进行充分的环境和生态影响评估后，对适宜中华虎凤蝶生存但现无其种群的地区，可实施人工引种，扩大其分布和种群。④对一定区域内的隔离种群实施人为个体交换，以增加种群的遗传变异和平衡遗传漂变的影响，但同时需注意不要破坏特定地区的种群遗传特异性。不要进行跨省人为基因交换。

瓢　虫

多异瓢虫

多异瓢虫是昆虫纲鞘翅目瓢虫科瓢虫亚科长足瓢虫属的一种。

◆ 地理分布

多异瓢虫主要分布在印度、非洲、拉丁美洲，以及中国的吉林、辽宁、新疆、内蒙古、陕西、甘肃、宁夏、北京、河北、河南、山东、山西、四川、福建、云南、西藏等地。

◆ 形态特征

多异瓢虫成虫体长 4.0 ～ 4.7 毫米，宽 2.5 ～ 3.0 毫米。头前部黄白色，后部黑色，或颜面有 2 ～ 4 个黑斑，毗连或融合，有时与黑色的后方部分连接。复眼黑色，触角、口器黄褐色。前胸背板黄白色，基部通常有黑色横带向前 4 叉分开，或构成 2 个"口"字形斑。小盾片黑色，两侧各有 14 个黄白色分界不明显的斑。鞘翅黄褐色到红褐色。两鞘翅上共有 13 个黑斑，除鞘缝上、小盾片下有 14 个黑黑斑外，其余每一鞘翅上有黑斑 6 个。黑斑的变异很大，向黑色型变异时，黑斑相互连接或部分黑斑相互连接；向浅色型变异时，部分黑斑消失。腹面黑色，仅侧片部分黄白色。足基部黑色，端部褐色。唇基前缘在两前角之间齐平，触角锤节紧密。前胸背板后缘有细窄的边缘。前胸腹板尢纵隆线，跗爪中部有小齿。第 5 腹板后缘舌形，向后突出；第 6 腹板基部三角形下凹，后缘突出。卵为淡黄色，枣核型。通常 10 ～ 30 粒组成一个卵块。幼虫共有 4 个龄期，幼虫期平均 7.6 ～ 10.9 天。1 龄幼虫体长 1.5 毫米，体灰白色，头和足黑色。2 龄幼虫体长 3.0 毫米，体灰白色，头和足黑色。
前胸背板中央有 1 条白色纵带。腹部背侧面每节各有 6 个刺疣，第 1 节
侧刺疣和侧下刺疣白色，其余刺疣黑色。3 龄幼虫体长 5.0 毫米，体灰
白色。前胸后缘中央橙黄色。腹部第 1 节背中刺疣橙黄色，侧刺疣和侧
下刺疣白色。腹部第 4 节背中刺疣与侧刺疣之间白色。4 龄幼虫体长 7.0
毫米，体灰白色。前胸背板周缘白色，中、后胸之间背中线处有 1 个 "+"
字形白色纹。腹部带紫色，第 1 腹节左右侧刺疣和侧下刺疣橙红色。第
4 腹节背中刺疣和侧刺疣之间白色。蛹体长 4.0 毫米，宽 3.0 毫米，灰
黑色。腹部背中线为白色纵纹。前、中胸背纵纹两侧各有 1 个黑斑，
黑斑两侧各有 1 个白色斑。翅芽黑色。腹部第 2 ～ 5 节背中线两侧有
4 个黑斑。随着蛹的发育，体色加深。腹末有 4 龄幼虫蜕皮。蛹期为
3.1 ～ 6.1 天。

◆ 生活史与习性

多异瓢虫整个世代历期约 15 天，其中卵期 2.0 ～ 3.0 天，1 龄幼虫
1.5 ～ 2.0 天，2 龄幼虫 1.0 ～ 1.5 天，3 龄幼虫 1.0 ～ 2.5 天，4 龄幼虫
1.0 ～ 2.0 天，预蛹期 0.5 ～ 1.0 天，蛹期 2.0 ～ 2.5 天，羽化后 1.0 ～ 2.0
天交尾，雌雄性比一般为 1 : 1，交尾次数较频繁，一昼夜最多达 14 次，
一次交尾持续时间在 10 ～ 15 分钟，产卵后有立即交尾行为，一般中午
不交配不产卵，整个世代无滞育现象。多异瓢虫 1 年可发生 4 代，越冬
期为 10 月上旬至翌年 3 月上旬，主要以 3、4 代成虫越冬，成虫多聚集
在向阳坡的土缝中，树皮裂缝中或田际杂草丛中度过低温期，3 月上旬
气温回升出蛰活动，取食早期发生的粉蚧、树蚜类害虫，5 月上旬出现

在麦田中，以麦蚜为食。5 月下旬交尾产卵，卵期约 11 ～ 15 天，成虫于 6 月中旬死亡；6 月上中旬，1 代成虫羽化出来，主要在麦田中活动、取食，6 月中旬 2 代卵出现，6 月下旬羽化。3 代卵见于 6 月下旬，7 月上旬，7 月中旬为蛹、成虫盛期，在田边蒿类等杂草上出现，7 月中下旬为 4 代卵期，8 月初为成虫盛期，发生在菜地中取食菜蚜，以后由于蚜虫的数量急剧减少，气温下降，3、4 代雌虫几乎不产卵，贮存营养进入越冬准备阶段，成虫寿命约 1 ～ 2 个月，雌虫较雄虫寿命长 8 ～ 9 天。成虫较活跃，爬行快，多与七星瓢虫共同活动在一株植物上，有趋光性，日出前一般蛰伏在叶片背面或植株基部，晚间 8 时后不活动，大风天气成、幼虫均不出现，中午高温期活动较弱，成虫有假死性，幼虫有食卵习性和自相残杀习性。

多异瓢虫主要捕食棉蚜、麦蚜、豆蚜、玉米蚜。

黄斑盘瓢虫

黄斑盘瓢虫是昆虫纲鞘翅目瓢虫科瓢虫亚科盘瓢虫属的一种，为蚜虫类害虫的重要捕食性天敌。

◆ 地理分布

黄斑盘瓢虫分布于中国的广西、广东、福建、海南等地。黄斑盘瓢虫在日本、印度、泰国、菲律宾、尼泊尔等国也有分布。

◆ 形态特征

黄斑盘瓢虫成虫圆形，呈半球形拱起，体长 5.8 ～ 6.8 毫米，体宽 4.8 ～ 6.0 毫米。前胸背板侧缘弧形弯曲，基角不明显，肩角钝圆，呈钝角。体基色为黑色。头部雄虫橙黄色，雌虫黑色。前胸背板在两肩角延至后缘各有 1 个橙黄色大斑，有时前缘也为橙黄色。小盾片宽大，三角形，侧缘平直。鞘翅缘折较宽。

◆ **生活史与习性**

黄斑盘瓢虫 1 年发生 5 ～ 6 代，以成虫越冬或越夏。发育起点温度为 9.9℃，有效积温为 243.3℃·日。在一定室内条件下，以豆蚜为食，黄斑盘瓢虫世代发育历期 12.7 天，雌虫寿命 71.6 天，雄虫寿命 68.2 天，产卵前期 8.4 天，产卵期 56.4 天，单雌产卵量为 1041 粒。

卵长纺锤形，淡黄色，近孵化时黑色，卵聚产竖排在一起，偶也散产。幼虫 4 龄，刚孵化时聚集于卵壳附近，一段时间后分散寻找食物。化蛹前进入一个静止不动的预蛹阶段，以腹部末节固定于植物上，虫体拱起。刚羽化的雄虫性器官未成熟，约经过 4 天后才开始交配，一生可交尾多次。长光照和白光使雌虫产卵量增加，交配时的雌虫虫龄对其产卵量影响也很大，羽化后 20 天交配的雌虫一生产卵量达 1980 粒。黄斑盘瓢虫可取食豆蚜、玉米蚜、棉蚜、桃蚜和苹果蚜等多种农田果园里的蚜虫。

六斑月瓢虫

六斑月瓢虫是昆虫纲鞘翅目瓢虫科瓢虫亚科宽柄月瓢虫属一种，为蚜虫类的有效捕食性天敌。

◆ **地理分布**

六斑月瓢虫分布于中国、日本及东南亚、南亚和中亚等地区。

◆ **形态特征**

六斑月瓢虫成虫体近圆形，背稍拱起，体长 4.6 ～ 6.5 毫米，体宽 4.0 ～ 6.2 毫米。复眼黑色，额部黄色，唯雌虫黄色前缘中央有黑斑或黑色，复眼内侧有黄斑。上唇及口器为黄褐至黑褐色，前胸背板黑色，唯前缘和前角及侧缘黄色，缘折大部褐色。小盾片及鞘翅黑色，鞘翅共具 4 或 6 个淡色斑。该种是最常见的瓢虫之一，斑纹多变，但前胸背板斑纹固定，鉴定时最好参照雄性外生殖器。

◆ **生活史与习性**

温度不同，六斑月瓢虫年发生世代数也有差异，通常 1 年可发生 6 ～ 10 代，世代发育历期为 26.5 天。在室内一定条件下，取食麦二叉蚜的六斑月瓢虫产卵前期 5.6 天，产卵期 68.6 天，单雌产卵量 779.8 粒，雄虫寿命 53.6 天，雌虫寿命 73.8 天。

卵梭形，黄白色，孵化前淡黑色，喜产于植物的叶背，紧密地竖排在一起。幼虫 4 龄，初孵幼虫常聚集在卵壳附近，6 小时后才开始寻找猎物，随着龄期的增大，幼虫食量也逐渐增加，在食物缺乏时，幼虫会自相残杀。化蛹前老熟幼虫进入不食不动的预蛹状态，虫体呈拱形。蛹黄褐色，化蛹部位通常为叶背的隐蔽处。六斑月瓢虫可取食 57 种蚜虫、7 种蚧壳虫、4 种木虱及鳞翅目的卵和幼虫。

孟氏隐唇瓢虫

孟氏隐唇瓢虫是昆虫纲鞘翅目瓢虫科小毛瓢虫亚科隐唇瓢虫属一种，为粉蚧类的捕食性天敌。

◆ **地理分布**

孟氏隐唇瓢虫原产于澳大利亚，作为粉蚧类的重要捕食性天敌，已被引进到 60 多个国家和地区。

◆ **形态特征**

孟氏隐唇瓢虫成虫长卵形，弧形拱起，体长 4.3 ～ 4.6 毫米，体宽 3.1 ～ 3.5 毫米。体背披灰白色毛。头部除复眼黑色外为黄色。前胸背板及其缘折红黄色，小盾片黑色。鞘翅黑色而鞘翅末端红黄色。腹面胸部黑色，但前胸腹板黄红至红褐色，腹部黄褐色。雌虫 3 对足皆为黑色，雄虫前足呈橘黄色。

◆ **生活史与习性**

孟氏隐唇瓢虫在中国的广州及福州室内外饲养，1 年可以发生 6 代。世代历期最短为 26.5 天，最长为 100 天。最适温度为 24 ～ 27℃，湿度 60% ～ 80%。以柑橘粉蚧为食，温度 26±0.5℃ 条件下，孟氏隐唇瓢虫产卵前期为 7.4 天，产卵期为 64 天，平均产卵量为 212.1 粒。世代发育起点温度为 11.9℃，有效积温为 452.3℃·日。成虫寿命较长，特别是雌虫，如温湿度适宜，食物丰富，成虫能存活 1 年。

卵椭圆形，黄白色，孵化前呈灰白色，孵化时，卵壳背面纵向裂开。幼虫分 4 龄，初孵幼虫淡灰白色，约 1 小时后开始分泌绒状蜡质物覆盖体表。化蛹前经历 1 个不食不动的预蛹阶段，化蛹时蜡丝仍覆于体背，可于背中线处观察蛹体，蛹后期黑色。成虫初羽化时，鞘翅淡黄色，逐渐加深，10 ～ 12 小时后全部变成深褐色，初羽化成虫仍会逗留蛹壳一段时间。成虫可捕食多种粉蚧及半翅目其他科的农林昆虫，取食蚜虫的孟氏隐唇瓢虫也可完成其生长发育。成虫产卵需要猎物分泌的蜡丝诱导，所以通常把卵产在有猎物蜡丝的地方。

◆ 人工饲养与应用防治

在粉蚧缺乏时可用人工饲料繁育孟氏隐唇瓢虫。可用含有赤眼蜂人工培养液配制的人工饲料、地中海粉螟卵和米蛾卵等喂养孟氏隐唇瓢虫。释放最佳期为粉蚧发生盛期，此时释放充足的瓢虫，防治效果显著。孟氏隐唇瓢虫对入侵的检疫害虫湿地松粉蚧也有着很好的防治效果，在林间散放，可有效地控制粉蚧的种群数量。

七星瓢虫

七星瓢虫是昆虫纲鞘翅目瓢虫科瓢虫亚科瓢虫属的一种，为农田和果园生态系统中各种蚜虫的重要捕食性天敌，在蚜虫的生物防治中起着非常重要的作用。

◆ 地理分布

七星瓢虫分布在中国（除海南、香港）、古北区、印度、新西兰、东南亚和北美洲（引进）。

◆ 形态特征

七星瓢虫成虫体长 5.2～6.5 毫米，宽 4.0～5.6 毫米。身体卵圆形，背部拱起，背面光滑无毛。头黑色，额部具 2 个白色小斑，复眼黑色，内侧凹入处各有 1 个淡黄色点。触角褐色，口器黑色。前胸背板黑色，两前角上各有 1 个近于四边形的白斑。小盾片黑色。鞘翅黄色、橙红色至红色，两鞘翅上共有 7 个黑斑，小盾片两侧各有 1 个近于三角形的白斑。

前胸背板缘折仅前缘白色，中胸后侧片白色，而后胸后侧片黑色，腹面其他部分及足黑色。卵呈鲜橘黄色，长 1.7 毫米，宽 0.6 毫米。临近孵化时变为深灰色。单个卵的形状是长椭圆形，整齐排列形成卵块。单个卵块的卵粒数在 30～70 粒。幼虫共有 4 个龄期，1 龄幼虫体长 2.0～3.0 毫米，体色为黑色。2 龄幼虫体长 4.0 毫米，头部和足全黑色，体灰黑色。腹部每节背面和侧面着生 6 个刺疣，第 1 腹节背面左右 2 刺疣呈黄色，刺黑色。3 龄幼虫体长 7.0 毫米。体灰黑色，前胸背板前侧角和后侧角有黄色斑。腹部第 1 节左右侧刺疣和侧下刺疣橘黄色，刺黑色。4 龄幼虫体长 11 毫米左右。体灰黑色，前胸背板前侧角和后侧角有橘黄色斑。腹部第 1 节和第 4 节左右侧刺疣和侧下刺疣均有橘黄色斑。蛹体长 7.0 毫米，宽 5.0 毫米。初为淡黄色，渐变淡黑色。前胸背板前缘有 4 个黑点，中央 2 个呈三角形，前胸背板后缘中央有 2 个黑点，两侧角有 2 个黑斑。中胸背板有 2 个黑斑。腹部第 2～6 节背面左右有 4 个黑斑。腹末带有末龄幼虫的黑色蜕皮。腹部第 2 和第 5 节两侧各有淡红色斑 2 个。

◆ **生活史与习性**

七星瓢虫的卵期为 3～8 天，1 龄至 4 龄幼虫发育历期约为 3.1 天、3.2 天、3.3 天和 4.6 天，预蛹期 1 天，蛹期 5.6 天，成虫产卵历期 4～53 天，平均 40 天；每雌平均产卵量为 1342 粒，最高可达 2816 粒。七星瓢虫成虫寿命长，平均 77 天。七星瓢虫以成虫越冬，越冬地点多选在较湿的土块下、石缝、草丛、岩洞等处。七星瓢虫成虫多在干杂草及有蚜虫的作物上产卵，七星瓢虫卵期天数各不相同。在日平均温度 20℃、相对湿度为 78% 的情况下，瓢虫的卵期天数平均为 4.5 天；当日平均温度较高，日均相对湿度较低时，瓢虫的卵期天数相对缩短。七星瓢虫同一卵块的幼虫孵化比较整齐，初孵化的小幼虫体色为灰褐色，通常聚集在卵壳周围取食身边的卵壳和未孵化的卵粒。3～4小时后，聚集的初孵小瓢虫逐渐分散，开始取食周围的蚜虫。幼虫经历4个龄期，3次蜕皮。3龄和4龄幼虫有自残行为。不同龄期历经的天数也不一致，各龄期完成发育共需14.7天。通过观察还发现，在一定温度范围内，随着日平均温度的增高，幼虫发育加快，因此温度高有利于其健康发育，且食量随之增大，也有利于控制其他害虫的发生。七星瓢虫的幼虫成熟后，便在枯枝、落叶、土块下、树皮缝等处化蛹。蛹的大小与成虫的大小呈正相关。预蛹期1.4天，蛹期5～7天。化蛹时将老熟幼虫的皮蜕于蛹体尾端。七星瓢虫的蛹经历6天左右的时间便可以羽化为成虫。刚羽化的成虫爬行能力较弱，过4～5小时后，爬行能力逐渐增强，可以捕食猎物。七星瓢虫以成虫在油菜、冬小麦等越冬作物田的土缝、根际越冬。黄河流域新一代成虫多出现在5月中旬。随着油菜和小麦的成熟和收割，七星瓢虫陆续向棉田转移，6月上、中旬数量最多，随后因迁移而数量明显下降。9月以后虫口迁回而有所增加，10月主要在白菜、萝卜等秋菜田繁衍、壮大种群，秋菜收割后，转移到小麦、油菜田越冬。

◆ **人工饲养与应用防治**

人工饲养七星瓢虫主要采用天然饲养蚜虫来饲养，即在温室和网室内，种植蚜虫宜食的植物，繁殖蚜虫，待蚜虫达到一定密度后，在其上饲养七星瓢虫。人工繁殖七星瓢虫的成虫，室内的温度要控制在20～25℃，相对湿度在70%～80%，成虫产卵时要求温度较高，可在

25℃饲养。但饲养幼虫以平均温度20℃左右为好。以人工卵赤眼蜂蛹为主要饲料，在产卵前期添加取食刺激剂（0.1%的橄榄油+5%蔗糖）或适当添加蚜虫，可显著提高其生殖力，解决七星瓢虫人工饲养的食料难题，并促使七星瓢虫的规模化生产。

利用七星瓢虫防治棉蚜，不仅能够很好地控制蚜虫的数量，降低其对棉花的危害，还可以为棉花营养生长向生殖生长过渡提供良好的条件。由于七星瓢虫引诱剂配方中含有一定的肥料，还可以对棉花进行一定的养分供给，促进棉花的生长发育。此外，对于果园的苹果黄蚜、西宁设施黄瓜上的蚜虫的田间释放防治，也获得了较好的效果，在蚜虫始发期挂放瓢虫卵卡，防效可达90%以上，成为控制蚜虫的有效措施。

茄二十八星瓢虫

茄二十八星瓢虫是昆虫纲鞘翅目瓢甲科裂臀瓢虫属一种，为茄科植物害虫，又称酸浆瓢虫。

◆ 地理分布

茄二十八星瓢虫分布于中国、韩国、日本、印度、尼泊尔、缅甸、泰国、越南、印度尼西亚、新几内亚和澳大利亚。茄二十八星瓢虫在中国普遍发生，主要分布在黑龙江、内蒙古，陕西、四川、广东、广西、云南、海南等省（区）。长江以南密度高，为害重。

◆ 形态特征

茄二十八星瓢虫成虫体长 5.2～7.4 毫米，体宽 4.6～6.2 毫米。半球形，黄褐色，体表密被黄色细毛。前胸背板上有 6 个黑点，中间的 2

个常连成 1 个横斑；每个鞘翅上有 14 个黑斑，其中第 2 行 4 个黑斑呈一直线，该特征是与马铃薯瓢虫的显著区别。

卵长约 1.2 毫米，弹头形，淡黄至褐色，卵粒排列较紧密。老熟幼虫体长约 7 毫米，初龄淡黄色，后变白色，体表多枝刺，其基部有黑褐色环纹，枝刺白色。蛹长约 5.5 毫米，椭圆形，背面有黑色斑纹。

茄二十八星瓢虫成虫

◆ **生活史与习性**

茄二十八星瓢虫在中国北方 1 年发生 2 代，在长江流域年发生 3 ~ 5 代，在江苏淮安市 1 年发生 2 代。茄二十八星瓢虫以成虫在背风向阳的土、石、岩缝、树洞、房前屋后空隙中或土中越冬，翌年 5 月日平均气温达 16 ~ 17℃ 时成虫开始活动，5 月下旬开始产卵，6 月上中旬为产卵盛期，6 月下旬 ~ 7 月上旬、8 月中旬分别为第 1、2 代幼虫为害盛期。9 月中旬成虫开始寻匿越冬场所，10 月上旬开始越冬。成虫具假死性，有一定趋光性，但畏惧强光。卵多产于寄主叶背面，也有少量产在茎、嫩梢上，每卵块约 15 ~ 40 粒。幼虫共 4 龄，初孵幼虫群集在卵壳周围取食，2 龄后开始分散为害，但扩散能力较弱，一般在卵块所在植株及周围相连植株上为害，老熟幼虫多在植株中下部及叶背面化蛹。成、幼虫均有自相残杀及取食卵粒的习性。

茄二十八星瓢虫的主要寄主有茄子、番茄、辣椒、黄瓜、冬瓜、丝瓜、马铃薯等蔬菜和野生植物龙葵。成、幼虫取食寄主植物的叶片、嫩茎和果实。叶片被害后仅残留一层表皮，形成不规则的近似平行的半透明凹纹，严重时叶片穿孔或仅留叶脉，导致叶片干枯、变褐，甚至全株死亡。被害幼果表面粗糙变硬、发育不良。

◆ **影响其发生的因素**

茄二十八星瓢虫的发生和为害常与以下因素有关：①温湿度。温度11℃和12℃以上，幼虫、蛹开始发育。种群增长的最适温度为25℃～28℃，25℃时单雌平均产卵量达最高值1074.50粒。温度适宜，降水量大有利于发生为害。高温和低温均不利于其种群数量增长。②寄主植物。对不同寄主为害程度不同，主要为害茄科植物，茄子上的密度最高，其次是龙葵、马铃薯和番茄。③自然天敌。捕食性天敌有中华微刺盲蝽，其成虫和4、5龄若虫对茄二十八星瓢虫卵、初孵幼虫的捕食量大，控制作用较强。寄生性天敌有柄腹姬小蜂。此外，金龟子绿僵菌、球孢白僵菌、苏云金芽孢杆菌对茄二十八星瓢虫也有致病作用。

◆ **防治措施**

根据气象信息和历年的虫情资料，结合蔬菜播期，综合分析做出发生期与发生量预测。越冬代成虫发生为害盛期为第1次防治适期；约10天后低龄幼虫盛期，为第2次防治适期。一般早播田以防治成虫为主，晚播田以防治幼虫为主。

前茬蔬菜收获后，应及时清洁菜园，清除田间杂草和枯枝落叶，消灭该虫的卵、幼虫和成虫。利用成虫的假死性，拍打蔬菜植株使其坠落，统一杀灭。雌成虫产卵集中，卵粒色艳易被发现，可在产卵盛期人工摘除卵块，降低害虫发生基数。化学防治适期为幼虫分散前，可选用高效氯氟氰菊酯、印楝素、氟啶脲和氰马混剂等。

日本刀角瓢虫

日本刀角瓢虫是昆虫纲鞘翅目瓢虫科小艳瓢虫亚科刀角瓢虫属一种。

◆ 地理分布

日本刀角瓢虫主要分布在日本以及中国的浙江、江苏、湖北、福建、台湾、广东、四川等地。

◆ 形态特征

日本刀角瓢虫成虫体长 1.7 ～ 2.0 毫米，体宽 1.4 ～ 1.6 毫米。体周缘短卵形，虫体突肩型。背面有光泽，披稀疏的细毛。头棕红色，前胸背板黑棕，其外角棕红色，小盾片及鞘翅黑棕色。腹面前胸背板缘折、鞘翅缘折、前胸背板及腹部的外缘及后面部分棕红色，中、后胸腹板及腹基部的中央部分黑棕色。足棕红色，色泽的分界不明显。卵光滑椭圆形，长 0.4 ～ 0.6 毫米，宽 0.2 毫米。初期无色透明，卵表面有刻点。幼虫共有 4 个龄期。初期幼虫白色，体背密布柔毛，黑毛及黑色瘤不明显，随着虫龄的增长，黑毛及黑色瘤越来越明显。蛹呈白色卵圆形，虫体背面被绒毛，蛹完全外露，蜕皮壳置于蛹体尾端。随着蛹的发育，虫体收缩。成虫羽化前，蛹的颜色加深，由白色变为棕黄色，最后变成黑色脱壳羽化。

◆ 生活史与习性

日本刀角瓢虫在中国福州 1 年可发生 6 ～ 7 代。主要取食粉虱。在南方主要捕食黑刺粉虱、橘粉虱等。世代的发育起点温度为 10.03℃，有效积温为 250.62℃·日。在室内一定条件下，以烟粉虱卵为食，日本刀角瓢虫世代发育历期为 22.6 天，成虫寿命为 91.9 天，单雌产卵量为 564.8 粒。以烟粉虱若虫为食，世代发育历期为 21.7 天，成虫寿命为 81.6 天，单雌产卵量为 650 粒。

日本刀角瓢虫卵椭圆形，乳白色，喜产于粉虱卵粒众多的嫩叶叶背，幼虫多在晚上孵化，孵化前颜色逐渐加深，孵化时先咬破卵壳，然后慢慢爬离，开始觅食。初龄幼虫取食量小，随着虫龄的增加，取食量也增大。幼虫爬行活动能力强，活动范围较大。老熟幼虫虫体收缩变为不食不动的预蛹，蛹体白色，羽化前变为棕黄色。幼虫一般选择干燥隐蔽场所化蛹，有群集化蛹的习性，群集的蛹数可多达 10 ～ 20 头。化蛹时预蛹虫体逐渐收缩，从头、胸部开始脱皮，蛹体呈现出成虫形态。日本刀角瓢虫成虫刚羽化时畏光，常躲避在阴暗潮湿处。成虫爬行迅速，迁移扩散能力强，有假死性，可取食黑刺粉虱、桔粉虱、龟蜡蚧和堆蜡粉蚧的卵和若虫。

◆ 应用防治

应用日本刀角瓢虫与诱集植物相结合来防治毛豆烟粉虱，取得了良好的防治效果。

狭臀瓢虫

狭臀瓢虫是昆虫纲鞘翅目瓢虫科瓢虫属一种，主要取食蚜虫，又称波纹瓢虫。

◆ 地理分布

狭臀瓢虫主要分布于中国西藏、云南、贵州、福建、广东、广西、海南、台湾、香港，以及国外的越南、缅甸、尼泊尔、不丹、印度、斯里兰卡、泰国、印度尼西亚、孟加拉国、澳大利亚、新西兰等地。

◆ **形态特征**

狭臀瓢虫成虫体长卵圆形，头黑色。前胸背板黑色，在其前角有近长方形黄斑。小盾片黑色。鞘翅基色为红黄色，鞘缝至末端之前为黑色，在小盾片下向两侧扩展成长圆形黑斑，在末端扩展成三角形斑。每一鞘翅上各有 3 列黑色斑纹，前斑为"人"字形，中斑向内与鞘翅纹连接而成横带，后斑位于鞘翅 4/5 处的外缘上。

◆ **生活史与习性**

狭臀瓢虫主要取食 6 种蚜虫，分别是黑豆蚜、棉蚜、夹竹桃蚜、桃蚜、萝卜蚜和菊指管蚜，其最喜欢取食的是棉蚜，而最少取食夹竹桃蚜，不同食物对狭臀瓢虫的发育周期、湿重和成虫寿命有显著影响。取食棉蚜的狭臀瓢虫的发育期最短（13.01±0.18 天），取食夹竹桃蚜的发育周期最长（20.51±0.25 天）。

异色瓢虫

异色瓢虫是昆虫纲鞘翅目瓢虫科瓢虫亚科和瓢虫属的一种，其对蚜虫、叶螨、介壳虫等重要害虫具有很强的捕食能力，作为一种重要的生防天敌在全世界农业生产中广泛应用。

◆ **地理分布**

异色瓢虫自然分布区为日本、俄罗斯远东、朝鲜半岛、越南，并引入到法国、希腊等欧洲国家和美国。异色瓢虫在中国除广东南部、香港没有分布外，其他地区均有分布。

◆ **形态特征**

异色瓢虫成虫色斑通常由黑色或者淡黄色作为底色，镶嵌以黑色或红色圆点状色块构成，类型多样，在亚洲许多地区的色斑种类都在数十种以上，其中黑底型和非黑底型的比例会随季节变化而变化。异色瓢虫身体半球形，头后部被前胸背板所覆盖；触角棒状；上颚基部有齿，端部叉状；鞘翅色泽和斑纹变异很大，鞘翅在 7/8 处有 1 条显著横脊，是鉴定该种的重要特征。异色瓢虫刚产下的卵是鲜橘黄色的，长 1.26 毫米，宽 0.60 毫米。异色瓢虫的单个卵呈长椭圆形，整齐排列形成卵块。单个卵块的卵粒数在 30～70 粒。异色瓢虫卵期天数各不相同。一般在 3～6 天内孵化，预孵化的卵体呈黑褐色。异色瓢虫幼虫体软，色暗，有黄、白斑点，3 个单侧眼，上颚镰刀形，足细长，背部各节有瘤突和刺，腹末较尖，但无尾突。1 龄幼虫体长 2～3 毫米，腹节上的突脊均未呈橙黄色。2 龄幼虫仅第 1 一腹节两侧突脊为橙黄色。3 龄幼虫腹节两侧突脊均为橙黄色。4 龄幼虫除腹节两侧均为橙黄色外，其第 1 一、4 四、5 五腹节背部突脊均为橙黄色。蛹初期为淡黄色，后颜色逐渐加深。异色瓢虫的蛹经过 6 天左右羽化为成虫，初期为淡黄色，且无斑点纹饰；2 小时后逐渐呈现斑点。异色瓢虫为了适应环境，保持种族的延续，背部颜色和斑纹出现多种变异类型。这些变化有其内在的规律，异色瓢虫是色型变化最多的瓢虫之一。成虫色斑通常是由黑色或者淡黄色作为底色，镶嵌以黑色或者红色圆点状色块构成，类型多样，在亚洲许多地区的色斑种类都在数十种以上，其中黑底型和非黑底型的比例会随季节变化而变化。异色瓢虫身体半球形,头后部被前胸背板所覆盖;触角棒状;上颚基部有齿,端部叉状;鞘翅色泽和斑纹变异很大,鞘翅在 7/8 处有 1 条显著横脊,是鉴定该种的重要特征。

◆ **生活史与习性**

在中国异色瓢虫 1 年可以发生 2～8 代,代数随纬度的降低而增加。异色瓢虫全世代发育起点温度为 8.21℃,各虫期生存最有利的温度为 21℃,对产卵最有利的温度为 29℃。第 2 代后出现世代交替,成虫在背风向阳的墙缝、屋檐以及落叶中越冬,越冬成虫 4 月上旬开始活动,第 1 代卵始见于 4 月下旬,5 月下旬为产卵盛期,5 月下旬～6 月上旬老熟幼虫化蛹,6 月中旬为成虫羽化盛期。第 2 代卵始见于 5 月下旬,产卵盛期在 6 月中旬,7 月下旬为成虫羽化盛期;第 3 代卵始见于 7 月上旬,产卵盛期在 7 月下旬,9 月上旬为成虫羽化盛期;第 4 代卵始见于 8 月中旬,产卵盛期在 9 月上旬,9 月下旬为成虫羽化盛期,10 月下旬随气温的下降,成虫陆续进入越冬场所。色斑型对异色瓢虫的繁殖有一定的影响。在春季,非黑底型与黑底型雌虫倾向于选择非黑底型雄虫进行交尾,而在夏季,黑底型雄虫的交配成功率远大于非黑底型。成虫交尾时间多在下午 17～18 时,交尾后 3～5 天开始产卵,产卵时间多在上午 9～11 时。异色瓢虫在食物短缺阶段会有自残行为,导致捕食能力下降,当蚜虫密度上升至一定水平后,异色瓢虫捕食能力提升,且保持稳定水平。

◆ **人工饲养及应用防治**

利用异色瓢虫防治棚栽草莓上的棉蚜虫,按照释放比为 1∶100,

3 天和 6 天后分别达到了 69% 和 88% 的虫口减退率；释放异色瓢虫 1.5 万头 / 公顷对小麦穗蚜的控制效果，5 天后和 10 天后虫口减退率可达到 28%、84%；利用异色瓢虫控制甜椒、圆茄中的桃蚜时，与对照（使用生物农药防治）温室相比，桃蚜高峰期延缓 1 周出现，持续释放异色瓢虫可以防控设施蔬菜蚜虫为害。

蚊

埃及伊蚊

埃及伊蚊是昆虫纲双翅目蚊科伊蚊属的一种。

◆ 地理分布

埃及伊蚊在全世界热带和部分亚热带地区广泛分布。埃及伊蚊在中国主要分布于海南、广东等北纬 22° 或 21° 以南地区。

◆ 形态特征

埃及伊蚊为中型蚊虫。头顶平覆黑色和白色宽鳞，白鳞形成 1 条中央纵条和 1 对侧纵条，中央纵条延伸到两眼之间，头后有黑色、淡色和深褐色竖鳞，有眶白线鳞。雌蚊唇基有 1 对白鳞簇。前胸前背片和后背片都有白宽鳞，中胸盾片两肩侧形成 1 对长镰刀形银白斑，有亚气门鳞簇，无气门后鳞簇。足深褐色到黑色，各股节都有膝白斑，前跗和中跗 1 ～ 2 有基白斑，后跗 1 ～ 3 有完整或不完整的基白斑，节 4 基部大部分白色，节 5 全白。腹背板黑色，节 I 中央有大片淡色鳞，侧背片覆盖白鳞，节 II ～ VII 有基白带和侧银白斑，两者不相连。雄蚊尾器腹节

IX 背板中部深凹，侧叶具 4～5 根短刚毛，抱肢端节比基节短，指爪位于末端，小抱器大，端叶近抱肢基节的 1/2 长，具很多刚毛。肛侧片有发达的腹臂。幼虫栉齿中刺基部有发达侧齿，体无星状毛。

◆ **生物学习性**

埃及伊蚊幼虫在竹林、橡胶林、容器积水和废弃轮胎蓄水等生境中大量滋生，成蚊昼行性，雌蚊具有强的攻击性和吸血能力，卵具有抗逆境和越冬能力，发育周期短，卵孵化后，条件适宜 7～8 天可完成羽化。种群数量随温度变化明显，夏季是种群暴发期，中国南方暴发期要长于北方。

埃及伊蚊是城市型黄热病、登革热、登革出血热、奇昆古尼亚热及裂谷热等疾病的重要传播媒介，是公认的危险蚊种之一。

◆ **防治措施**

埃及伊蚊防治着重在平时治本清源，清除滋生场所，及时杀灭幼虫。做好环境卫生，消灭滋生水源场所是防治埃及伊蚊的基本措施。

白纹伊蚊

白纹伊蚊是昆虫纲双翅目蚊科伊蚊属的一种，又称亚洲虎蚊、花斑蚊等。

◆ **地理分布**

白纹伊蚊在中国广泛分布，还遍布东南亚，已扩散至除南极洲外的其他各大洲。

◆ 形态特征

白纹伊蚊体表有明显的白色条纹，因此被称为白纹伊蚊，为小型到中型蚊虫。头鳞典型，喙比前股略长，暗褐色。盾片有中央银白纵条，翅基前有一银白宽鳞簇；后跗节 1～4 基部有白环，跗节 5 白色。

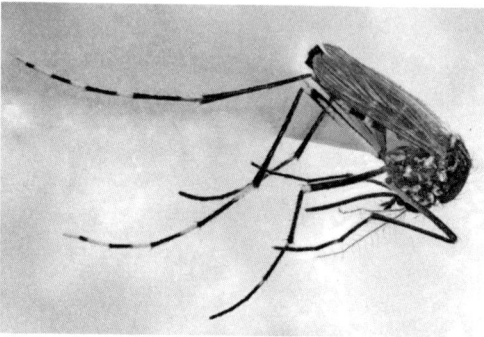

白纹伊蚊成虫

腹节背板黑色，节 I 侧背片覆盖白鳞，节 II～VII 有基白带和侧白斑，基带两端加宽但不和侧斑相连。腹板节 II～III 全部或大部分白色，节 IV～V 基白带宽，节 VI 有亚基白带，节 VII 腹板黑色而仅有少数侧白斑。雄蚊尾器腹节 IX 背板山峰状，有 1 个不同程度的中央凸起，侧叶远离，各具 4～8 根刚毛。抱肢基节长约为宽的 2.5 倍，背基内区有 1 片刚毛，约 10 根以上。抱肢端节比基节略短，末端略为膨大有细刚毛。小抱器发达具很多刚毛。幼虫栉齿基部具细缝，尾鞍不完全，腹毛 1-VII 通常分 4 枝，2-VII 通常单枝。

◆ 生物学习性

白纹伊蚊幼虫在竹林、橡胶林、容器积水及废弃轮胎蓄水等生境中大量滋生，成蚊昼行性，雌蚊具有强的攻击性和吸血能力，卵具有抗逆境和越冬能力，发育周期短，卵孵化后，条件适宜 7～8 天可完成羽化。种群数量随温度变化明显，夏季是种群暴发期，中国南方暴发期要长于北方。

白纹伊蚊是重要的媒介昆虫，是东南亚登革热和奇昆古尼亚热等疾病的重要传播媒介，对人们的骚扰也很大，影响生产作业。

◆ **防治措施**

做好环境卫生，消灭滋生水源场所是防治白纹伊蚊的基本措施，白纹伊蚊主要为卵越冬，春季杀灭效果更佳。

淡色库蚊

淡色库蚊是昆虫纲双翅目蚊科库蚊属尖音库蚊的一亚种。

◆ **地理分布**

淡色库蚊广布于中国古北界，遍布日本和朝鲜半岛。

◆ **形态特征**

淡色库蚊特征同致倦库蚊，为中型淡褐色蚊。头顶正中盖以众多的灰白色平覆鳞，后头有棕褐色竖鳞，两颊宽白鳞向眼后形成窄边。

淡色库蚊

雌蚊触须短，食窦弓较尖音库蚊宽，约 1.03 毫米，侧突钝尖，食窦甲齿数目较少，约 26 个，中齿微微突出，两侧为紧密排列的尖锐腹齿簇。中胸鳞红棕至黄棕色，中胸下后侧鬃 1 根。各足黄棕色。腹节背板有淡色基带和侧白斑。雄蚊触须第 3 节有明显的基白斑，尾器阳茎侧板腹内叶外伸部宽大而呈叶片状。

◆ **生物学习性**

淡色库蚊幼虫滋生于人居附近中度污染的积水中，例如污水池、臭水沟、化粪池、水塘、水田、水池、坑洼积水及容器积水等处；成虫栖息在人房、畜舍、薯窖、石缝、土洞、水井、树丛及桥下等地。淡色库蚊主要吸食人血，兼吸畜血和禽血，黄昏时活动频繁。种群数量随温度变化明显，夏季是种群暴发期，北方 7～8 月为暴发高峰期，南方暴发期要长于北方。淡色库蚊是班氏丝虫的主要媒介，感染率可达 50%，也可感染马来丝虫，但感染率较低。

◆ **防治措施**

做好环境卫生，消灭滋生水源场所是防治淡色库蚊的基本措施。

雷氏按蚊

雷氏按蚊是昆虫纲双翅目蚊科按蚊属的一种，又称窄卵按蚊、嗜人按蚊等。

◆ **地理分布**

雷氏按蚊在中国分布于河南、江苏、安徽、浙江、湖北、江西、湖南、福建、广东、海南、香港、广西、重庆、四川、贵州及云南，在国外分布于韩国、日本、越南、泰国、柬埔寨、菲律宾、马来西亚、新加坡、文莱及关岛等。

◆ **形态特征**

雷氏按蚊成蚊体中型，棕黄色。雌蚊触须较细，末端 2 个白环较宽。翅长 3.1～4.5 毫米，亚前缘脉白斑通常狭小，翅形型较窄，翅鳞黑白分明，翅基前缘一致暗色，肩横脉光裸。各足基节通常无白鳞，如有亦不成簇。腹侧膜上无"T"形暗斑。雄蚊形态似雌蚊，触角梗节棕色无鳞，略带粉被，各鞭节均无鳞片，触须基部内缘的淡鳞较多，有时可向前端蔓延。抱肢基节背面仅有暗鳞和刚毛，小抱器背叶的棒状构造内面至少含有 2 个刺状物，腹叶顶毛和亚顶毛粗壮，接近等长。阳茎叶片 4 ～ 7 对，常见 5 对，内侧 1 对叶片最大，大叶片除基部与末端有 1 ～ 3 个粗齿外，边缘尚有若干小齿。卵甲板宽，占卵宽的 7% ～ 10%。成熟幼虫多为黄褐色或深绿色，额唇基后部及颅盖缝周围有较多的褐色斑块，触角粗壮，有较多的棘刺。蛹颜色较深，呼吸管基外侧有 1 个明显的暗斑，或一些小的斑点，翅鞘上有明显的方格斑纹。雷氏按蚊卵甲板宽，占卵宽的 7% ～ 10%。与中华按蚊形态相似，较难鉴别，可根据卵形和成蚊腹侧膜"T"形暗斑等特征进行鉴定，也可通过遗传学、分子生物学等方法进行鉴定。

◆ **生物学习性**

雷氏按蚊的卵有较强抗寒能力，雷氏按蚊多以卵越冬。幼虫多滋生于多水草、有遮阴、水质清凉而富有沙石的水体，主要包括稻田、缓流的灌溉沟、渗出水浅潭以及清凉小水潭等，但可在苇塘、田头渗水井内等生长。雷氏按蚊常与中华按蚊滋生在一起，雌蚊嗜吸人血，兼吸畜血，喜于晚间或白天的阴凉地吸血，吸血后多留栖于室内。

雷氏按蚊是重要的传疟媒介，不仅对间日疟原虫易感，且对恶性疟原虫也有较高的易感性。

三带喙库蚊

三带喙库蚊是昆虫纲双翅目蚊科库蚊属的一种。

◆ 地理分布

三带喙库蚊在中国除新疆和西藏外，各地均有分布，在国外遍布东南亚、中东及中非等地。

◆ 形态特征

三带喙库蚊成虫为体小型至中型的棕色蚊。雌蚊头顶密盖淡棕色至淡灰色平覆鳞，后头竖鳞暗而平齐。喙色暗，中部前位有淡色环，基段腹面常有白磷斑。触须短，色暗，末节有少量淡鳞。前胸前背片与后背片有棕色鳞，前胸侧板有一淡鳞簇。中胸盾鳞深棕，除小盾前区和翅上位有少量稍淡鳞外，其余为花椒色，小盾鳞色淡。胸侧板淡棕，中胸腹侧板上部与下后缘及中部后侧片上部的白磷群小，中胸后

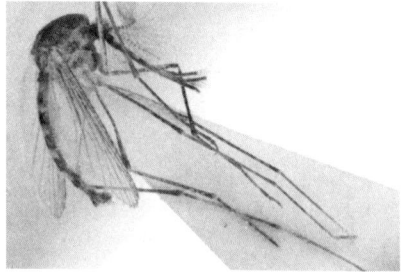

三带喙库蚊雄性成蚊

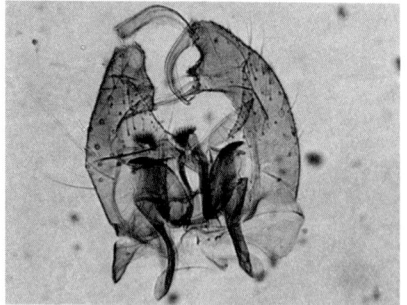

三带喙库蚊雄性生殖器

侧片上部毛丛中有或无几片淡鳞。前、中、后股节（除下部外）和各胫节均为暗棕色，后股暗区和淡区划界不清，末端黑环很窄，约为全长的1/15。各足跗节 1 ～ 4 有窄的基部和端部淡色环。翅长 2.4 ～ 3.5 毫米，翅鳞暗褐色，前缘脉基部淡鳞斑不明显。腹节背板色暗，有窄的淡色基

带，但有变异。腹节 VII 通常有宽的暗色端带，某些标本显示有端部淡鳞饰。腹板通常全淡黄，有时有端侧位暗斑。雄蚊形态似雌蚊。触须长于喙，抱肢基节亚端叶发达，末端可有倒钩微刺，阳茎腹内叶密生细刺，背中叶颈部较细与腹内叶分离，有 4 ～ 5 个端尖的指状突形成掌状叶，最前一个向外展，其余向外向后伸。

◆ **生物学习性**

三带喙库蚊幼虫滋生于城乡清净或稍污染、静止或半流动的水体中，习见于向阳泥底、水位较低、水质清洁及漂浮植物丛生的水域，例如水田、池塘、沼泽、水坑、洼地、山溪、积水及灌溉沟渠等，偶见于海滨咸水、石穴、盆罐、树洞或污水坑等。雌蚊嗜吸畜血，兼吸人血。主吸家畜动物血，吸人血很少，喜在黄昏后 2 小时左右和黎明前进行吸血。

三带喙库蚊是中国流行性乙型脑炎的主要传播媒介，也是丝虫病、登革热等多种疾病的媒介昆虫。

◆ **防治措施**

做好环境卫生，消灭滋生水源场所是防治三带喙库蚊的基本措施。

致倦库蚊

致倦库蚊是昆虫纲双翅目蚊科库蚊属的一种，又称致乏库蚊、热带家蚊等。

◆ **地理分布**

致倦库蚊在中国除海拔 2300 米以上地区外，均有分布，在国外遍布东南亚地区。

◆ **形态特征**

致倦库蚊成虫为体中型形的棕黄色蚊。头顶覆盖有淡棕色至淡黄色平卧鳞和棕褐色竖鳞，后面竖鳞更多。喙深褐色，基部腹面常为淡色。

前胸前背片和后背片有散在的淡黄色窄弯鳞，中胸盾鳞棕褐色或棕色，小盾前区的鳞较淡，前突部和翅上区的鳞稍淡，小盾片覆盖淡黄色窄鳞和细鳞。胸侧板淡黄色，前胸侧板有 1 小的白鳞簇，

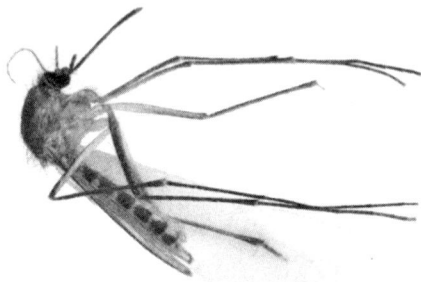

致倦库蚊成虫（雌）

中胸腹侧板上部和下后缘各有 1 白鳞簇，中胸后侧板上部有 2 簇上下排列的白鳞，上鳞簇后方有 1 丛黄色刚毛。翅长 2.8 ～ 4.1 毫米，前叉室明显长于后叉室，前叉室柄很短，叉柄指数 2.28。前足基节前面有淡鳞和暗鳞，中后足基节无鳞，各股节背面深褐色，腹面淡色，后股腹面的淡色区在基段可扩展至前面和后面。各股节末端有不显著的膝斑，各胫节腹面的鳞稍淡，各跗节均为深褐色。雄蚊形态似雌蚊。触须长于喙，长出部分约与末节相等。喙有中关节，中部腹面有淡色鳞而无长毛丛。抱肢基节亚端叶前部 3 棒约等长，后部毛组有 3 根刺状毛。阳茎侧板腹内叶外伸部分宽而长，端部叶状，背中叶后伸，宽叶状并端尖。肛侧片基侧臂短，乳头状。

◆ **生物学习性**

致倦库蚊幼虫常滋生于污染的水体中，例如粪坑、水坑、水沟、水池及水缸等，在清水中也偶可发现。成蚊为典型的家栖型蚊种，嗜吸人

血，兼吸畜和禽血。黄昏和黎明时活动较频繁。种群数量随温度变化明显，夏季是种群暴发期，中国南方暴发期要长于北方，在冬季温度大于10℃的室内也能见到其活动。

致倦库蚊是中国南方室内吸血骚扰和传播流行性乙型脑炎的主要蚊种，也是中国班氏丝虫病的主要媒介。

◆ **防治措施**

做好环境卫生，消灭滋生水源场所是防治致倦库蚊的基本措施。

蝇

稻水蝇

稻水蝇是昆虫纲双翅目水蝇科水蝇属一种，为水稻害虫，又称稻水蝇蛆。

◆ **地理分布**

稻水蝇主要分布于俄罗斯中亚细亚地区和中国。稻水蝇原产于中亚，1954年在中国新疆首次报道，现广布于中国北方，南界在甘肃、陕西、山东一带。

◆ **形态特征**

稻水蝇成虫体长6～8毫米，体灰褐色至黑灰色。头部铅灰色。复眼密布黑短毛，顶有金绿色光泽。胸部背面紫蓝色。幼虫末龄具11体节，各节背面具黑点，第4～8节上呈倒"八"字形，第4～11节腹面各有1对伪足，共8对，最后1节尾端有1个叉状呼吸管。老熟幼虫化蛹时，第 9 ～ 11 腹节伪足呈环状，固定在稻根或其他漂浮物上，其他伪足退化。蛹与幼虫形态相似，体长约 8 毫米，浅棕黄色。

◆ **生活史与习性**

稻水蝇在中国各地 1 年发生 3 ～ 5 代。吉林长岭 1 年发生 3 ～ 4 代，新疆阿克苏、内蒙古东部等地 1 年发生 4 代，甘肃张掖 1 年发生 5 代，世代重叠现象明显。稻水蝇以成虫在裂缝、大土块下及杂草残枝下越冬。每年春季水沟及水坑解冻后，成虫开始活动，稻田灌水后迁入稻田。成虫产卵于水面漂浮物，田间漂浮物越多发生越重。每雌虫产卵量 100 粒以上，卵历期 4 ～ 5 天。幼虫历期约 15 天，适宜生活在 pH7 ～ 9 的水中。一般盐碱地区新开垦田洗碱不彻底，田埂上有白碱、黑碱的稻田，半干枯的浅水田和死水田发生重。幼虫在稻根或水面漂浮物上化蛹，蛹期 9 天。稻水蝇的天敌有青蛙、鱼类、蚂蚁、步行甲、蜘蛛、鸟类等，其中成蛙食稻水蝇的蛹和成虫，蝌蚪食稻水蝇蛆。

稻水蝇的寄主有水稻、芦苇、三棱草、稗草、马唐、狗尾草、节节草、莎草等。稻水蝇是水稻苗期重要害虫，以幼虫蛀食露白稻种或咬食水稻初生根及次生根，致水稻烂种、漂秧或生长不良，通常可减产 5% 以上，严重时颗粒无收。

◆ **防治措施**

防治稻水蝇，需彻底改造治理盐碱地，创造不利于稻水蝇发生的环境。加强农田基本建设，确保排灌通畅，填平死水坑，减少其滋生场所。晴日及时排水晒田 1 ～ 2 天，利用阳光晒死幼虫。成虫发生盛期可用敌百虫喷雾或撒毒土防治。

厩腐蝇

厩腐蝇是昆虫纲双翅目蝇科腐蝇属的一种，俗称大家蝇、厩蝇。

◆ **地理分布**

厩腐蝇在全世界广泛分布。厩腐蝇在中国分布于黑龙江、吉林、辽宁、内蒙古、河北、北京、天津、山西、陕西、山东、甘肃、新疆、青海、四川、湖北、福建、江西、河南、广东、重庆、贵州、宁夏、台湾、江苏、上海、浙江、云南及西藏。

◆ **形态特征**

厩腐蝇成虫体长 6.0 ～ 9.5 毫米。雄性眼裸，额宽为触角鞭节宽的 1.5 ～ 2.0 倍，间额黑，等于或略宽于一侧额宽，颜、下侧颜及其附近至口上片棕色至深棕色，侧额的一部分和侧颜粉被灰色至银白色。颊黑色、覆灰色粉被，颊高为眼高的 1/6 ～ 1/5 倍。触角暗色，鞭节末端及基部带红色，基部具灰色粉被，触角芒暗色、长羽状。胸部盾片暗色，覆淡灰色粉被，具 2 对明显黑色纵斑，小盾与盾片同色但端部约 1/3 带红棕色，在小盾沟前后有 1 个一略明显的暗色纵斑。翅淡棕透明，翅肩鳞及前缘基鳞黄，前缘脉第 3 段略等于第 5 段长，亚前缘脉呈弓把形，M_{1+2} 脉末端轻微弯曲，腋瓣微带棕色，下腋瓣无小叶、后圆而不很收尖，平衡棒黄色。足胫节黄色，腿节端部黄色，或至少后足腿节端部 1/3 的腹面黄色，腿节其余部分及跗节暗色。腹部短卵形，底色黑，密覆棋盘状带金色粉被斑和不很明显的暗色条纹。雌性眼离生，额宽明显大于头宽的 1/3。间额黑，覆淡灰黄粉被，为一侧额宽的 3.3 ～ 3.4 倍。

◆ 生物学习性

厩腐蝇主要发生在农村环境中，是喜室内性的真住区传病种类，为厕所和人粪上常见种，可传播多种肠道传染病，包括脊髓灰质炎等病毒性传染病和畜禽类传染病。幼虫进入 3 龄可捕食并大量杀死家蝇等幼虫，是家蝇等的控制因素；可取食活植物，为害十字花科蔬菜，可为害药用植物贝母的鳞茎；能寄生于禽、畜或人体造成溃疡性蛆症，也有寄生鳞翅目、鞘翅目幼虫（例如舞毒蛾、松毛虫、金龟子幼虫等）的报道。

麦秆蝇

麦秆蝇是昆虫纲双翅目黄潜蝇科（又称秆蝇科）麦秆蝇属一种，为作物害虫，俗称麦钻心虫、麦蛆等。

◆ 地理分布

麦秆蝇分布于欧洲和亚洲，在中国的华北、西北等冬、春麦区有分布。

◆ 形态特征

麦秆蝇雄成虫体长 3.0～3.5 毫米，雌成虫体长 3.7～4.5 毫米，体黄绿色，胸部背面有 3 条褐色纵纹。足褐色，有灰色粉被。翅白色透明，脉褐色，平衡棒黄色。卵长 1 毫米，为两头尖的长椭圆形，卵壳白色，表面有 10 多条纵纹，光泽不明显。幼虫体长 5～6.5 毫米，为黄白和黄绿色小蛆，室内镜检可见黑色口钩，并有 7～9 个气门小孔。蛹为围蛹，雄蛹体长 4.3～4.8 毫米，雌蛹体长 5.0～5.3 毫米。蛹颜色初期较淡，后期黄绿色，通过蛹壳可见复眼、胸部及腹部纵线和下颚端部的黑色部分。口钩色泽、前气门分支、气门小孔数与幼虫相同。

◆ **生活史与习性**

麦秆蝇在内蒙古等春麦区 1 年发生 2 代，冬麦区 1 年发生 3～4 代，以第 1 代幼虫为害春麦，第 2 代幼虫在寄主根茎部、土缝或杂草中越冬。各代各虫态发生期依地区而异。在内蒙古西部，越冬代成虫一般于 5 月下旬至 6 月上旬开始大量发生，盛发期延续到 6 月中旬。越冬代成虫产卵前期为 1～19 天，平均 5.5 天。产卵期 1～22 天，平均 11 天。每雌虫平均产卵 11.8 粒，最高 41 粒，卵均散产，大多产在叶面基部。卵经 4～5 天孵化，盛孵期在 6 月上、中旬。幼虫经 20 余天成熟化蛹。第 1 代蛹期为 3～12 天，平均 9.9 天，7 月中旬为化蛹盛期。第 1 代成虫于 7 月下旬羽化，一般在麦收时已大部分羽化离开麦田，转移到野生寄主上产卵为害至越冬。

成虫喜光，早晚及夜间栖息于叶片背面，且多在植株下部。晴朗日 10 时左右，阳光较强，气温升高，成虫开始在麦株顶端活动。中午前后日光强烈，温度过高，成虫潜伏在植株下部。14 时以后成虫又逐渐活跃，17～18 时为活动高峰，此时亦为雌虫产卵高峰。越冬代成虫发生期与春季气温有关，温度高则出现早，为害重。麦秆蝇的发生消长与寄主植物的品种有密切关系，早、中熟品种比晚熟品种受害轻。受害程度与耕作栽培技术也有关，在春麦区，一般适期早播、合理密植、水肥条件好、生长发育快、拔节早、茂密旺盛的麦田受害较轻；土壤盐碱化、地势低洼、排水不良、施肥不足、迟播、播种过深、麦苗生长不良，受害重，前期生长缓慢的麦田受害更重。

麦秆蝇主要为害小麦，偶尔为害大麦和黑麦，以及禾本科和莎草科的杂草。幼虫从叶鞘与茎间钻入，在心叶或穗节基部呈螺旋状蛀食。植株在分蘖拔节期受害，可造成枯心、烂穗、坏穗、白穗等症状。

◆ 防治措施

可采用农业防治结合必要的药剂防治麦秆蝇。加强小麦栽培管理，采取适时早播、适当浅播、合理密植、及时灌排等措施。选用抗虫品种或早、中熟良种。越冬代成虫盛发期是药剂防治的关键时期，常用药剂有阿维菌素、敌敌畏乳油、吡虫啉、速灭威、克螨蝇等。

麦种蝇

麦种蝇是昆虫纲双翅目花蝇科种蝇属一种，为作物害虫，又称麦地种蝇、瘦腹种蝇。

◆ 地理分布

麦种蝇分布于欧洲、亚洲，在中国主要分布在内蒙古、黑龙江、山西、陕西、青海、甘肃、宁夏、新疆等地。

◆ 形态特征

麦种蝇成虫体长 5 ~ 6.5 毫米，为灰黄色中小型蝇，头部覆灰白色粉，间额红褐色。触角芒羽状，纤毛达末端。复眼黑褐色，雄虫复眼大，在头顶相接，使间额呈窄条，雌虫复眼小而分离。胸部粉被浅黄，稍带绿色荧光，背面中央有 3 条不明显的褐色纵纹；中鬃细小，前盾片上 1 根，盾片上 7 根，排成 2 行。翅浅黄褐色透明，有红、绿色荧光，前缘密排小刺。雄虫足除膝部棕黄色，胫节棕黄到棕褐色外，其余均黑色。雌虫前足股节及各足跗节黑色，其余均棕黄色。腹部淡黄色。卵乳白色，长椭圆形，表面遍布细纵纹，长 1 ～ 1.2 毫米。幼虫体长 8 ～ 9 毫米，乳白色有光泽，口钩黑色，前、后气门均褐色，尾端截面边缘有 6 对突起，下缘中部 2 对较大，中间 1 对双叉形，向外 1 对圆锥形，其余各对很小。蛹长 6 毫米左右，褐色，长圆形，蛹壳上留有幼虫气门和尾端突起痕迹。

◆ **生活史与习性**

麦种蝇 1 年发生 1 代，以卵在土内越冬。越冬期长达 190 ～ 200 天，翌年 3 月越冬卵孵化为幼虫。初孵幼虫栖息在植株茎秆、叶及地面上，先在小麦茎基部钻小孔，钻入茎内，头部向上，蛀食心叶组织成锯末状。幼虫耐饥力强，每头幼虫只为害 1 株小麦，无转株为害习性。幼虫活动、为害盛期在 3 月下旬至 4 月上旬。幼虫期 40 ～ 60 天，4 月中旬幼虫爬出茎外，钻入 6 ～ 9 厘米土中化蛹。4 月下旬至 5 月上旬为化蛹盛期，蛹期 40 ～ 50 天左右。6 月初蛹开始羽化，6 月中旬为成虫羽化盛期，下旬全部羽化，这时小麦已近成熟，成虫即迁入秋作物杂草上活动。7 ～ 8 月为成虫活动盛期。成虫早晨、傍晚、阴天活动，中午温度高时多栖息在荫蔽处。成虫交配后不久雄虫死亡。雌虫 9 月中旬开始产卵，产卵期约 20 天，卵分次散产于土壤缝隙及疏松表土下 2 ～ 3 厘米处。每雌虫产卵约 27 粒，产卵后即死亡。10 月雌虫全部死亡。雌蝇寿命100 天左右，雄蝇约 80 天。

麦种蝇的寄主植物有小麦、大麦、燕麦等，在冰草、画眉草等禾本科杂草上也曾发现过麦种蝇幼虫。幼虫为害麦茎基部，取食生长点部位的嫩组织。被害苗先表现枯心，后整株枯死。幼虫可致田间出现缺苗断垄或造成毁种。

◆ 防治措施

与其他作物轮作 2 ~ 3 年，可有效控制麦种蝇为害。可采用药剂拌种、幼虫化蛹期喷雾及成虫发生期防治等措施防治麦种蝇，常用药剂有甲基异柳磷、辛硫磷、敌敌畏乳油等。

舌 蝇

舌蝇是昆虫纲双翅目舌蝇科舌蝇属的一种，俗称采采蝇、螫螫蝇。

◆ 地理分布

舌蝇分布于非洲和阿拉伯半岛。

◆ 形态特征

舌蝇体长 6 ~ 13 毫米，体呈黄色、褐色、深褐色至黑色。体粗壮，有稀疏的鬃毛。喙较长，向前水平伸出。胸部灰色，常有深色斑纹。腹部有带纹。停息时，两翅互相重叠，覆盖在腹部的背面。

◆ 生物学习性

舌蝇雌、雄虫都吸食人和动物的血，昼夜都活动。舌蝇一生交配 1 次，雌蝇并不产卵，直接产下幼虫，在环境适宜和食物充足的情况下，每 10 天可产 1 个幼虫。幼虫发育成蛹后，其蛹壳很坚硬，3 ~ 4 个星期内就会羽化为成虫。

　　舌蝇自身不会导致疾病，但是当它们叮咬人和其他动物时，能够将一种微小的寄生虫——锥体虫引入血液中。锥体虫是一类可导致人类患上非洲昏睡病、牛及其他动物患上那加那病的原生动物。

本书图片提供者

王小奇	王振营	石宝才	田镇齐	司升云	朱　国
刘长仲	刘朝阳	李　彤	吴惠惠	张泽华	陈炳旭
武春生	欧阳革	郑健秋	侯柏华	高　松	曹雅忠
崔　娟	傅　强	潘慧鹏			

本书编著者名单

编著者 （按姓氏笔画排列）

王小奇　　王广君　　王振营　　石宝才

史树森　　付文博　　司升云　　巩中军

朱国仁　　乔格侠　　任　展　　刘　健

刘长仲　　刘晓艳　　农向群　　孙　玲

李　彤　　李　静　　杨　定　　肖　达

何佳春　　张广学　　张卓然　　张泽华

陈　斌　　陈　静　　陈炳旭　　陈梅兰

武春生　　林　峻　　欧阳革成

郑许松　　赵　莉　　段　云　　侯柏华

姜立云　　秦道正　　班丽萍　　唐　觉

曹雅忠　　蒋月丽　　傅　强　　鲁　莹

魏　琮